DELIUS KLASING VERLAG

PAUL WATSON

OZEANE RETTEN, **JETZT!**

ES GEHT UM UNSER ÜBERLEBEN

DEUTSCH VON SANDRA STRIEGEL

INHALT

VORWORT

Am 14. Februar 1990 schoss die Voyager-1-Sonde ein Foto – aus 6 Mrd. km Entfernung von unserem Planeten, von jenseits der Umlaufbahn des Neptuns.

Dieses Foto inspirierte Dr. Carl Sagan im Jahr 1994 dazu, *Blauer Punkt im All: Unsere Zukunft im Kosmos* zu verfassen. Dieser kurze Text zählt für mich zu den eindringlichsten Einsichten in die Frage, wer wir sind und welchen Platz im Universum wir einnehmen.

„Schau dir diesen Punkt an. Das ist hier. Unser Zuhause. Das sind wir. Auf diesem Fleck finden sich alle, die du liebst, jeder, den du kennst, alle, von denen du je gehört hast, jeder Mensch, der je gelebt hat. Hier besteht die Gesamtheit unserer Freude und unseres Leids. Tausende Religionen, Ideologien und Wirtschaftsdoktrinen voller Gewissheit. Jeder Jäger und Sammler, jeder Held und jeder Feigling, jeder Erschaffer und jeder Zerstörer von Zivilisationen. Jeder König und jeder Kleinbauer, jedes junge Paar, jeder Vater, jede Mutter, jedes Kind, alle Erfinder und Erforscher. Jeder Sittenprediger, jeder korrupte Politiker, jeder ‚Superstar', jeder ‚höchste Führer', jeder Heilige und Sünder in der Geschichte unserer Art lebte hier … auf diesem Staubkorn, das in einem Sonnenstrahl schwebt.

Die Erde ist eine winzige Bühne in der großen kosmischen Arena. Denke bloß an all das Blut, das all die Generäle und Herrscher vergossen, um in Triumph und Glorie für einen Moment über einen Bruchteil dieses Fleckchens zu herrschen. Denke an die unaufhörlichen Grausamkeiten, die die Bewohner eines Eckchens dieses Pixels den kaum andersartigen Bewohnern eines anderen Eckchens antun. Wie schwierig es ihnen fällt, miteinander auszukommen, wie schnell sie einander töten, wie inbrünstig ihr Hass. Unser Getue, unsere angebliche Wichtigkeit, die Illusion, dass wir eine bevorrechtigte Position im Universum einnähmen, werden allesamt durch diesen kleinen, blassblauen Punkt im All relativiert.

Unser Planet ist ein einsames Staubkorn, umhüllt von der weiten kosmischen Nacht. In unserer Dunkelheit, in all dieser immensen Weite, gibt es nichts, das andeuten würde, dass Hilfe von anderswo kommen wird, um uns vor uns selbst zu retten. Die Erde ist der einzige bisher bekannte Ort, an dem Leben existiert. Es gibt keinen anderen, an den unsere Spezies auswandern könnte, zumindest nicht in näherer Zukunft. Erkunden schon. Bewohnen noch nicht. Ob es uns gefällt oder nicht, für den Moment ist die Erde der Ort, den wir haben.

Es heißt, Astronomie sei eine Lektion in Bescheidenheit und bilde den Charakter. Vielleicht gibt es keinen besseren Beweis für die menschliche Eitelkeit als diese Aufnahme aus der Ferne. Für mich unterstreicht sie unsere Verantwortung, geschwisterlicher zusammenzuleben und diesen blassblauen Punkt zu bewahren und wertzuschätzen – die einzige Heimat, die wir je kannten."

Dieser blassblaue Punkt ist unser Raumschiff, und zumindest im Moment und auf absehbare Zeit ist er unser einziges Zuhause – und vielleicht sogar das einzige, das wir jemals haben werden. Unsere Gesundheit und unser Wohlergehen sind eng mit denen aller anderen Arten verbunden, mit denen wir diese wunderbare Welt voller Leben teilen.

Unser Planet, die Erde – oder, vielleicht passender: unser Ozeanplanet –, ist geprägt von Wasser, und das ist in konstanter Bewegung: Es zirkuliert durch Flüsse, Seen und Meere, durch Gletscher, Wolken, Grundwasserleiter und durch die Zellen jeder Pflanze und jedes Tieres.

Wir sind der kleine, blassblaue Fleck.

Er ist unser Raumschiff!

Die größten Bedrohungen für unser Raumschiff sind menschliche Ignoranz, Arroganz und Gleichgültigkeit.

Die Klimakrise ist schwierig zu verstehen, wenn man in einem klimatisierten Haus lebt, ein klimatisiertes Auto fährt und im Januar in Norwegen oder Alaska Bananen und Mangos essen kann. Sie ist etwas ganz anderes, wenn Überschwemmungen die eigenen Kinder mitreißen, wenn Stürme Schiffe versenken und U-Bahn-Stationen fluten, wenn Hitzewellen ältere Menschen töten und Millionen Klimaflüchtlinge aus Not in Richtung Norden ziehen und dabei Misshandlungen und schlimmsten Gefahren ausgesetzt sind. Klimaskeptiker*innen sind Menschen, deren Leben isoliert und unberührt ist von der Realität. Naturgesetze unterscheiden allerdings nicht. Auf lange Sicht wird jede*r ihren Einfluss spüren und darunter leiden.

EINFÜHRUNG
SOHN DES MEERES

Mein Name ist Paul Franklin Watson. Ich kam am 2. Dezember 1950 zur Welt und wuchs in einem kanadischen Fischerort in der Passamaquoddy Bay am Atlantik auf. Den Großteil meines Lebens verbrachte ich auf dem Meer, im Arktischen Ozean ebenso wie in der Antarktis und in allen gemäßigten und tropischen Breitengraden dazwischen. Ich durchkreuzte als Matrose auf skandinavischen Handelsschiffen den Indischen und den Pazifischen Ozean, arbeitete auf Wetterschiffen der kanadischen Küstenwache, auf Versorgungsschiffen für Leuchttürme und auf Luftkissenbooten für Such- und Rettungseinsätze entlang der Küste von British Columbia.

Ich heuerte nie auf einem Fischkutter an. Meine Kindheitserinnerungen an die Zerstörung, die Grausamkeit und das Schlachten, die von der Fischereiindustrie verübt werden, hielten mich davon ab, je auf einem mit Blut, Fischgedärmen und Elend besudelten Deck zu arbeiten.

Besonders stolz bin ich darauf, für den Schutz der Meere in See gestochen zu sein, zuerst ab 1971 als Offizier auf Greenpeace-Schiffen und dann ab 1978 als Kapitän auf den Schiffen von Sea Shepherd, einer Organisation, die ich 1977 gründete. 2022 rief ich die Captain Paul Watson Foundation ins Leben, die nun über zwei Schiffe verfügt und Partnerschaften mit Sea Shepherd Frankreich, Sea Shepherd UK und Sea Shepherd Brasilien hat. Ich stach in See, um gegen Atomwaffentests zu demonstrieren und Wale, Delfine, Robben, Meeresschildkröten und Haie zu retten. Ich fuhr zur See, um illegale Fischerboote zu stoppen, Meerestiere vor Ölkatastrophen zu retten und Plastikabfälle zu bergen. Ich fuhr zur See, um weltweit das Bewusstsein um den Schaden zu erhöhen, den die Menschheit dem Leben im Meer und der Artenvielfalt zufügt. Vor allem aber fuhr ich zur See, um Menschen für die zwingende Notwendigkeit zu sensibilisieren, unseren ökologischen Irrsinn zu beenden, bevor wir einen Kipppunkt erreichen, an dem es kein Zurück mehr gibt.

Im Juni 1975 veränderte ein Erlebnis den weiteren Verlauf meines Lebens auf ebenso dramatische wie positive Art und Weise. Ich sah mich einer nichtmenschlichen Intelligenz gegenüber, die meine Zukunft prägen und neu definieren würde.

Es geschah ungefähr 100 km vor der Küste Nordkaliforniens. Ich war Erster Offizier der *Phyllis Cormack*, auch *Greenpeace V* genannt. Wir waren zu dreizehnt auf dem kleinen Schiff mit der don-quichotteschen Mission, die sowjetische Walfangflotte zu stoppen. Wir hatten Mahatma Gandhis gewaltlose Taktiken studiert und planten, die Harpunen zu blockieren, indem wir uns einfach zwischen Wale und Walfänger manövrierten.

Und das taten wir dann auch.

Als ein sowjetisches Walfangschiff die Jagd aufnahm auf eine Gruppe von acht Pottwalen, ließen wir unsere Schlauchboote zu Wasser und machten uns auf, die Walfänger abzufangen. Robert Hunter, einer der Mitbegründer von Greenpeace, und ich saßen im ersten Boot und erreichten schnell eine Position zwischen Jägern und Gejagten. Hinter uns ragte das riesige, rostige Stahlschiff empor und hielt mit 20 Knoten auf uns zu.

Als ich hinaufschaute, sah ich einen großen Mann in einem dreckigen, weißen Hemd. Mit einer Zigarette zwischen seinen zusammengebissenen Zähnen kauerte er hinter einer blassblauen Harpunenkanone; die Spitze des Explosivgeschosses war direkt auf uns gerichtet. Vor uns schwammen acht wunderschöne Pottwale um ihr Leben. In der nebligen Atemluft, die sie ausstießen, schimmerte ein Regenbogen. Wir waren ihnen so nahe, dass wir die Gischt spüren und die Angst in jedem ihrer mühevollen Atemzüge geradezu riechen konnten.

Ich lehnte mich zu Bob hinüber, drückte ihm die Hand und schrie: „Es ist so weit!"

Und für ein paar Minuten taten wir, wofür wir hergekommen waren: Wir blockierten dem Harpunier die Schusslinie, davon überzeugt, dass er nicht das Risiko eingehen würde, uns zu töten, um einen Wal erlegen zu können.

Dann aber kam ein stämmiger Mann aus dem Ruderhaus gerannt – der sowjetische Kapitän. Er packte den Harpunier beim Arm und schrie im etwas ins Ohr. Dann schaute er zu uns hinunter, lächelte und fuhr mit einem Finger über seine Kehle.

Wir begriffen, dass Gandhis Methode an jenem Tag nicht funktionieren würde.

Wenige Augenblicke späte schwirrte das 1,5 m lange Geschoss über unsere Köpfe hinweg und senkte sich in den Rücken eines Pottwalweibchens. Eine Blutfontäne schoss aus dem Körper des Tieres, als die Harpune explodierte. Sechs der Wale setzten ihre Flucht fort, aber der größte unter ihnen, der Bulle, stieg aus dem Wasser empor, schlug mit ohrenbetäubendem Knall auf die Meeresoberfläche und tauchte unter uns hindurch. Hinter uns kam er wieder hoch, um das Monster herauszufordern, das gerade das Leben eines seiner Familienmitglieder ausgelöscht hatte.

Die Jäger waren auf ihn vorbereitet. Der Harpunier rammte schnell eine freie Harpune in den Kanonenlauf und setzte eine weitere Ladung. Er schwang die Kanone herum, richtete sie steil hinab und feuerte. Er traf den angreifenden Pottwal mitten in den Kopf. Ein schrecklicher Schmerzensschrei hallte über das Wasser. Tödlich getroffen fiel der Wal zurück in die Wellen. Er wand sich vor Schmerzen an der Oberfläche, während sich langsam ein scharlachroter Schleier aus warmem Blut um ihn herum ausbreitete.

Wir waren wie gelähmt vor Entsetzen angesichts dessen, was wir sahen, als der Wal sich plötzlich umdrehte. Mein Blick begegnete dem seinen, als er noch einmal abtauchte. Er hinterließ eine blutige Spur aus schaumigen, rosafarbenen Blasen, während er direkt auf uns zuhielt. Kurz vor uns durchbrach er die Wasseroberfläche im Begriff, auf unser Boot zu stürzen.

Es war dieser Moment, der mein Leben veränderte. Unmittelbar vor mir, kaum 1 m entfernt, war sein Auge – so groß wie meine Faust und so nah, dass ich mein Spiegelbild darin sah. Ich sah, was er sah, und in diesem Moment nahm ich ein Verständnis wahr – und was ich fühlte, erschütterte mich. Ich spürte, dass er verstand, was wir versucht hatten zu tun, denn er bemühte sich sichtlich, rückwärts zu fallen. Sein Kopf sank ins dunkle Wasser. Ich sah sein Auge unter der Oberfläche verschwinden. Und dann war er weg.

Er hätte uns töten können – und dass ich heute in der Lage bin, dieses Buch zu schreiben, liegt einzig und allein daran, dass er beschlossen hatte, uns zu verschonen.

Aber da war noch etwas anderes, das von ihm ausging und das ich gespürt hatte: Mitleid. Nicht mit sich selbst oder seiner Familie, sondern mit uns. Wie konnten wir nur so gnadenlos, mit solcher Brutalität und Grausamkeit töten?

Als die Sonne an jenem Tag unterging, blinkten die Lichter der Walfangflotte – vier Jagd- und ein Fabrikschiff, die *Dalniy Vostok* – rund um uns herum. Sie holten die blutenden Körper der beiden Wale an Bord. Eine immense Traurigkeit überkam mich.

Warum? Warum töteten sie diese Wale? Nicht wegen ihres Fleisches; das Fleisch von Pottwalen ist ungenießbar. Sie schlachteten sie wegen ihres Öls, eines sehr hochwertigen, sehr hitzeresistenten Öls, mit dem Maschinen geschmiert wurden, die in der Sowjetunion damals unter anderem dazu dienten, Interkontinentalraketen herzustellen.

Diese Erkenntnis traf mich wie ein Schlag ins Gesicht. Diese Menschen waren hier, um gedankenlos diese wunderschönen, hochsozialen, hochintelligenten, sich ihrer selbst bewussten, empfindsamen Lebewesen aus keinem anderen Grund zu töten, als um eine Waffe herstellen zu können, die dazu konstruiert wurde, andere Menschen zu töten und zu Asche zu verbrennen. Ich verstand mit einem Mal: Wir Menschen sind verrückt, vollkommen verrückt, und absolut pervers.

Es war dieses traumatische Erwachen angesichts unseres brutalen ökologischen Wahnsinns, das den weiteren Kurs meines Lebens bestimmte. Von jenem Tag an widmete ich mein Leben der Rettung und dem Schutz von Walen und anderen Meeresbewohnern. Ich schloss mit der Menschheit ab und wies die anthropozentrische Arroganz zurück, die die menschliche Entwicklung seit den Anfängen der Landwirtschaft bestimmt.

An ihrer Stelle hieß ich den Biozentrismus willkommen, das Verständnis davon, dass wir alle Teil von allem sind, dass wir nicht über andere Arten gebieten und ganz bestimmt nicht die Herrscher über diesen Planeten sind, die wir gerne wären. Jede Biene, jeder Baum, jeder Wurm, jeder Zooplankter arbeitet hart, um die ökologische Integrität dieses Planeten aufrechtzuerhalten, während wir Menschen kaum mehr tun, als uns auf Kosten aller anderen Arten zu unterhalten. Die brutale und zerstörerische Diktatur unserer Art führt die Menschheit in eine Richtung, in die es keinen Sinn macht zu gehen: die unseres eigenen Untergangs.

DIE ERDE, UNSER RAUMSCHIFF

EINE REISE INS VERDERBEN ODER ZU DEN STERNEN

Ja, wir leben in einem Raumschiff! Wie andere Raumschiffe auch befinden wir uns auf einer Reise durch das unendliche Weltall und umrunden mitsamt unserem Sonnensystem das Zentrum unserer Galaxie, der Milchstraße. Dabei bewegen wir uns mit einer unglaublich hohen Geschwindigkeit von etwa 250 km/s, oder 900.000 km/h.

Selbst bei dieser Geschwindigkeit dauert ein galaktisches Jahr – die Zeit, die unser Sonnensystem braucht, um das Zentrum der Milchstraße einmal komplett zu umrunden – ca. 250 Mio. Jahre. Unser Raumschiff Erde hat bislang erst 20 komplette Umrundungen der Galaxie vollführt. Und wir Menschen haben als Passagiere erst eine lächerlich kurze galaktische Reise erlebt. Als sich der Planet das letzte Mal an der Stelle befand, an der wir uns jetzt im Verhältnis zu seiner letzten vollständigen Umrundung befinden, löschte, wie es die Ironie so will, das Massensterben am Übergang vom Perm zur Trias Millionen Arten aus und führte zum Aufstieg der Dinosaurier.

Unter den fünf großen Massensterben der Geschichte unseres Planeten war jenes der Perm-Trias-Grenze das verheerendste. Es führte zum Verschwinden von schätzungsweise 90 bis 96 % aller marinen Arten und 70 % aller Tier- und Pflanzenarten an Land.

Diese Katastrophe wird auch das „große Sterben" genannt. Man vermutet, dass der Zerfall des Superkontinents Pangaea die Meerwasserzirkulation durcheinanderbrachte und die Ozeane in stagnierende, von Kohlenstoff vergiftete Sümpfe verwandelte. Die Erde brauchte etwa 20 Mio. Jahre, um sich von dieser Periode zu erholen. Heute stehen wir am Beginn eines neuen Massensterbens namens Holozän, das nicht nur Millionen Arten bedroht, sondern auch das Überleben von uns Menschen.

Wie jedes Raumschiff hat die Erde eine äußere Hülle, ein Kraftfeld, das ihre Bewohner vor der Strahlung aus dem All schützt. Sie ist mit einem kräftigen Antrieb ausgestattet, der sie durch den Weltraum bewegt und ihr Lebenserhaltungssystem mit Energie versorgt. Der externe Antrieb befindet sich gute 150 Mio. km weit entfernt, aber dieser immense Kernfusionsreaktor vermag es, innerhalb von weniger als 8 min Energie in Form von Licht und Wärme zum Raumschiff zu senden, und er versagt nie. Wir können ihn MEGASPEED nennen (Magnetic Energy Gravitational And Solar Powered Earth Ecology Drive oder auf Schwerkraft, Magnetismus und Sonnenenergie beruhender ökologischer Erdantrieb).

Wie jedes Raumschiff hat die Erde auch ein internes Kraftwerk, das sie mit zusätzlicher Wärme und magnetischer wie auch elektrischer Energie versorgt. Es liegt gut isoliert im Zentrum des Schiffes.

Sie verfügt auch über ein Lebenserhaltungssystem. Dieses versorgt uns mit Sauerstoff, Nahrung und Wasser und entsorgt Abfallstoffe. Es sorgt für die Aufrechterhaltung des Klimasystems und dafür, dass uns warm ist und wir uns wohlfühlen. Es kümmert sich sogar um unsere Körper, wenn wir sterben. Von der Geburt bis zum Tod versorgt uns dieses komplexe Lebenserhaltungssystem mit allem, was wir brauchen und je brauchen könnten.

Das Lebenserhaltungssystem unseres Raumschiffs ist die Biosphäre. Sie ist ein komplexes System aus Organismen, die mit grundlegenden chemischen Elementen in einem hauptsächlich aus Wasser bestehenden Medium arbeiten.

Wasser ist das unverzichtbare Element für das Fortbestehen von Leben an Bord des Raumschiffs. Es ist in konstanter Bewegung und wechselt ohne Unterlass von flüssig zu gasförmig oder fest und wieder zurück, in einem umfassenden zirkulierenden System, das Nährstoffe transportiert und Abfallstoffe entfernt, um das Leben im Raumschiff aufrechtzuerhalten.

Wasser geht über vom Eis ins Meer, vom Grundwasser in die Atmosphäre, und es fließt durch die Zellen jedes

Lebewesens. Kaltes Wasser, das sich im Meer oder in der Atmosphäre erwärmt, treibt Strömungen, Winde, den Regen und Stürme an. Es hält die großen Ozeanströmungen aufrecht, die das Wasser wie ein gigantisches Herz durch das gesamte System befördern, sodass es jeden Organismus erreicht.

Und wie auf jedem Raumschiff gibt es auf der Erde Crew und Passagiere.

Wir Menschen sind bloß Passagiere. Wir fliegen einfach mit und verbringen die meiste Zeit damit, uns zu unterhalten, einander umzubringen oder andere Lebewesen zu töten. Wir tendieren dazu zu vergessen, wie unverzichtbar das Lebenserhaltungssystem unseres Raumschiffs für uns ist. Wir fühlen uns in der Tat so wohl und sind zahlenmäßig so stark, dass wir viel Zeit damit verbringen, uns zu vermehren – und die Überbevölkerung beginnt, irreversible Schäden am Lebenserhaltungssystem herbeizuführen.

Im Klartext: Wir sind gerade dabei, die Crew zu töten, die das Lebenserhaltungssystem instand hält. Außerdem schenken wir ihr kaum Beachtung. Wir behandeln sie, als sei sie uns unterlegen; manchmal begegnen wir ihr mit Ekel, meistens mit Gleichgültigkeit.

Doch ohne sie gäbe es uns nicht – sie, die Mikroben, der Seetang, das Plankton, die Bäume, Blütenpflanzen, Würmer, Bienen, Ameisen und Käfer, Fliegen und Fische. Sie alle gehören zu den unverzichtbaren Wesen, die unser komplexes Lebenserhaltungssystem aufrechterhalten. Sie sind es, die uns ernähren und am Leben erhalten.

Wir Passagiere töten in unserer Ignoranz diese planetaren Ingenieure und reduzieren die biologische Tragfähigkeit unseres Raumschiffs, merzen andere Arten aus oder treiben sie an den Rand des Aussterbens, ohne Reue oder Schuld, meist sogar ganz unbewusst.

Wir bewerten sie als unbedeutend, vernachlässigbar. Doch diese „niederen Geschöpfe“, die im Verborgenen agieren, sind unser Garant für ein Leben und gute Gesundheit an Bord dieses Raumschiffs.

In Wahrheit sind sie wichtiger als wir.

Würmer sind wichtiger als Menschen. Bienen und Ameisen, Bäume und Fische sind wichtiger als wir.

Weshalb? Weil wir sie brauchen, um zu überleben, sie uns aber nicht.

Die meisten Säugetiere tragen sehr wenig bei zur tatsächlichen Erhaltung des Raumschiffs Erde und das gilt besonders für die Menschen. In vielerlei Hinsicht sind wir eine Art empfindungsfähiges Unkraut. Wir mögen hübsch aussehen, uns unbekümmert vermehren und uns für das größte Wunder auf Erden halten, doch in Wahrheit ist unsere Existenz nur dank Milliarden anderer Wesen, die Millionen Arten angehören, möglich.

Ohne sie gäbe es keine Kunst, keine Musik, keine Poesie, keine Wissenschaft, keine Zivilisation, keine Menschheit. Eine Welt ohne Würmer, Mikroben und Bienen wäre eine Welt ohne Menschen. Eine Welt mit auch nur ein paar Bakterienarten weniger wäre eine Welt ohne Menschen.

Im Übrigen täuschen wir uns, wenn wir uns als Individuen bezeichnen. Wir sind keine autarken Organismen, sondern Symbionten, Gemeinschaften von Arten. In und auf unserem Körper leben Zigtausende Bakterien, die insgesamt mindestens ein Viertel unseres Gewichts ausmachen. Es gibt zwischen 800 und über 1.000 Arten dieser Mikroben, die es sich in oder auf uns gemütlich machen.

Es sind keine Parasiten, denn wir brauchen sie und sie brauchen uns. Sie verdauen unsere Nahrung, stellen für uns Vitamine her, schützen uns vor schädlichen Bakterien und pflegen sogar unsere Haut und Wimpern. Sie sind ebenso sehr Teil von uns wie unsere Augen oder unsere Haut.

„Kein Mensch ist eine Insel", sagte einst ein Dichter. Das trifft in vielerlei Hinsicht zu. Jede Person ist eine Nation von Zigtausend individuellen Lebensformen.

Wir sind zutiefst mit unserem Raumschiff verbunden. Wir brauchen nur einen beliebigen Teil dieses Planeten zu berühren, um zu erkennen, dass alles mit allem verbunden ist.

Wir sind Erdlinge auf einem Wasserplaneten und der Begriff „Erdling" umfasst jede einzelne Art, die auf dieser umwerfenden, blassblauen Kugel lebt – auf diesem herrlichen Raumschiff voller Leben, das wie ein Juwel funkelt im sonst scheinbar öden Sonnensystem und mit hoher Geschwindigkeit um das Zentrum einer Galaxie mit Hunderten Milliarden Sternen rast. Einige Milliarden von ihnen treiben ebenfalls Raumschiffe wie das unsere an, die einzigartige, an die dortigen Verhältnisse angepasste Lebensformen bergen.

Jedes dieser Raumschiffe ist ein großangelegtes, natürliches Experiment. Viele von ihnen werden sich selbst zerstören, während sich andere auf ihrer Reise durch das All weiterentwickeln. Unzählige weitere sind bereits wieder verschwunden– flüchtige Erscheinungsformen von Empfindungsfähigkeit in der Weite unserer Galaxie und der noch unermesslicheren Weite des Universums.

Während wir unsere Reise fortsetzen, sollten wir uns Gedanken machen über unsere Bestimmung als flüchtige Passagiere auf diesem winzigen Raumschiff in der Milchstraße.

Für uns stellt sich die Frage, wie lange wir an Bord eines Raumschiffs überleben können, auf dem unverantwortliche Passagiere ohne Skrupel auf den Massenmord an der technischen Besatzung aus sind.

Wir befinden uns an der Schwelle zu einem neuen Massensterben, das bereits einen Namen trägt: das Holozän.

Unser Raumschiff nimmt Schaden durch den Klimawandel, den Zusammenbruch der Biodiversität, das Massensterben, die Verschmutzung und unsere ökologische Dummheit.

Selbst im Passagierbezirk, wo wir Menschen die meiste Zeit relativ abgeschirmt von den anderen Arten verbringen, sind wir mit schwerwiegenden gesellschaftlichen Risiken konfrontiert, wie der Überbevölkerung, Kriegen, autoritären Regierungen, Wirtschafts- und Klimaflüchtlingen und natürlich den gefährlichsten und toxischsten dieser Risiken: unserer eigenen vorsätzlichen Blindheit und ökologischen Dummheit.

Im Angesicht dieser gravierenden Gefahren, die von der Wissenschaft klar als solche erkannt werden, wird letztendlich sehr wenig getan, um uns vor ihren Folgen zu schützen.

Die größte Gefahr für unser Überleben geht vom Klimawandel und vom Biodiversitätsverlust aus. Leider sind sich die Öffentlichkeit und sogar die wissenschaftliche Gemeinschaft nicht voll und ganz der Tragweite der Situation bewusst. Die Bedrohung ist aufgrund ihrer Komplexität schwierig zu verstehen und der Zusammenhang von Ursache und Wirkung bleibt für viele so abstrakt, dass sie sogar inmitten verheerender Ereignisse – Brände, Fluten, Dürren oder ungewöhnlich schwere Stürme – die Realität des Problems nicht wahrhaben wollen.

Als Ökologe auf diesem Raumschiff besteht mein Auftrag darin, die Gefahren zu evaluieren und Warnungen auf objektive und wissenschaftliche Art und Weise auszusprechen.

Es ist keine bequeme Position, aber es muss getan und ökologische Wahrheiten müssen ausgesprochen werden.

Wir haben die Wahl zwischen dem Nichtstun und Anstrengungen zur Reduktion der Gefahren, die unser kollektives Überleben bedrohen.

Wir sind es unseren Kindern, unserer Art und der gesamten Biosphäre schuldig, uns nicht der Apathie oder Resignation hinzugeben. Aber um das zu tun, müssen wir das volle Ausmaß der Bedrohung verstehen und auf die Herausforderungen vorbereitet sein. Das schließt die Folgen von klimabedingter Massenmigration mit ein, die Zunahme von Zoonosen, das Artensterben und den Biodiversitätsverlust, Umweltverschmutzung, zunehmend häufigere Naturkatastrophen und andere klimabedingte Veränderungen.

Wie jedes Schiff benötigen wir einen Fahrplan – einen, der sich den Umständen entsprechend anpassen lässt. Wir brauchen auch einen Plan für Wartung und Reparaturen.

Diese Pläne mögen derzeit beinahe nicht realisierbar scheinen, aber ich war immer der Meinung, dass die Antwort auf ein unlösbares Problem darin besteht, eine unmögliche Lösung zu finden.

In praktischer Hinsicht werden uns weder Politik noch Wirtschaft helfen, echte Lösungen zu finden. Politische und wirtschaftliche Ideologien sind zu kompromisslos.

Geht es um Ökologie, gibt es kein Links oder Rechts. Politik- und Wirtschaftsformen des Kapitalismus, Kommunismus, autoritärer Systeme und des Sozialismus können die nötigen Antworten nicht liefern; ebenso wenig wie der religiöse Glaube es kann, der zu irrational ist, um etwas anderes als eine Illusion von Trost zu bieten.

Die einzigen tragfähigen Lösungen erfordern einen kompletten Wandel unserer Werte und unserer Weltanschauung und einen Abbau der Strukturen, die für die Probleme verantwortlich sind.

Ihre Umsetzung wird weder einfach werden noch bereitwillig geschehen und sie wird mit erbittertem Widerstand konfrontiert werden. Aber sie wird zwangsläufig geschehen, unter dem Druck der ökologischen Realität.

Worin bestehen diese zwingenden und scheinbar unmöglichen Lösungen?

1. Unsere wirtschaftlichen und politischen Systeme müssen mit den drei Grundgesetzen der Ökologie in Übereinstimmung gebracht werden.

Das Gesetz der Biodiversität: Die Stabilität eines Ökosystems hängt von seiner Artenvielfalt ab.
Das Gesetz der Wechselbeziehungen: Alle Arten innerhalb eines Ökosystems sind voneinander abhängig.
Das Gesetz der endlichen Ressourcen: Sowohl das Wachstum als auch die biologische Tragfähigkeit unseres Planeten sind begrenzt. Wenn eine Art Ressourcen gnadenlos ausbeutet, verringert sie die Tragfähigkeit im Hinblick auf andere Arten, was einen Rückgang der Artenvielfalt und eine Abnahme der Wechselbeziehungen zur Folge hat.

Die Ideologie des kontinuierlichen Wachstums, eine Eigenart des globalen Kapitalismus, widerspricht diesem Gesetz der endlichen Ressourcen.

2. Die zweitwichtigste Lösung besteht darin, die anthropozentrische Perspektive aufzugeben, die den Menschen als dominante und allen anderen überlegene Art betrachtet.

Der Anthropozentrismus verstößt gegen das ökologische Gesetz der Wechselbeziehungen, das besagt, dass alle Arten aufeinander angewiesen sind, wenn es um ihr Wohlergehen und Überleben geht. Wir brauchen ein neuartiges biozentrisches Paradigma, das alle anderen Arten, sowohl tierische als auch pflanzliche, als uns ebenbürtig und für uns wichtig versteht.

Der Anthropozentrismus ist eine Art kollektive Massenpsychose, der arrogante Glaube, dass wir etwas Besonderes und mehr wert seien als alle anderen. Diese Einstellung führt zu Biodiversitätsverlust und einem Rückgang der Wechselbeziehungen.

3. Das Raumschiff Erde hat seit vielen Jahrhunderten ein wiederkehrendes Problem. Es ist ein entsetzliches Leiden, ein gesellschaftliches Übel namens Krieg.

Die Gründe sind normalerweise irrational und drehen sich um Territorialität, Grundbesitz, Nationalismus, Fremdenfeindlichkeit und schlicht und ergreifend Unverstand. Wie es im Lied heißt: „War, what is it for? Absolutely nothing!" (Wofür ist Krieg gut? Für absolut nichts).

Diese Pathologie der Kriege tötete nicht bloß Hunderte Millionen Individuen unserer eigenen Art, sondern ist auch verantwortlich für den Rückgang von Tausenden anderen Arten und, in manchen Fällen, für deren Aussterben. Des Weiteren führt sie zu umfangreichen strukturellen Schäden an unserem Raumschiff durch die Zerstörung von Wäldern, durch hochgiftige Umweltverschmutzung sowie die Schädigung von Ökosystemen und, im Fall von ionisierender Strahlung, zu irreparablen Auswirkungen, deren Folgen wir noch nicht gänzlich erfassen. Etwa 3.300 Atomsprengköpfe reichen aus, um die meisten Lebewesen unseres Planeten auszurotten.

Krieg ist der unübertroffene Irrsinn der Menschheit und doch ist er für Millionen von Menschen einfach Normalität.

Um einen berühmten Satz von Albert Einstein zu zitieren: „Ich weiß nicht, mit welchen Waffen der dritte Weltkrieg ausgetragen wird, aber im vierten werden die Menschen mit Stöcken und Steinen kämpfen."

Einstein verstand, dass die drei Hauptmerkmale des Menschen, die für Krieg, Grausamkeit, Zerstörung und Chaos verantwortlich sind, Dummheit, Angst und Habgier sind.

Das schiere Volumen des durch Krieg verschlissenen Materials stellt sowohl eine wirtschaftliche als auch eine ökologische Bürde dar. In den letzten 100 Jahren produzierten wir 588.236 Panzer. Jedes Jahr stellen wir ungefähr 500 moderne Kampfflugzeuge her; Millionen Militärflugzeuge wurden seit 1914 gefertigt, dazu Kriegsschiffe, Zerstörer, Flugzeugträger, Helikopter, Drohnen, Hunderte Millionen Landminen und Milliarden Handfeuerwaffen, Granaten, Feldgeschütze und verschiedene andere Vernichtungswaffen, und natürlich Atomraketen.

Im Gegensatz dazu geben wir äußerst wenig aus, um den Biodiversitätsverlust aufzuhalten oder Lösungen gegen den Klimawandel zu finden.

ACHT MILLIARDEN NACKTE AFFEN

AUF EINER ROTIERENDEN SCHLAMMKUGEL

Diese rotierende Kugel aus Gestein und Schlamm ist eine komplexe, lebendige Maschine; ein System, in dem sich das Leben selbst aufrechterhält. Die Menschheit ist eine von Hunderten Millionen Arten, die diese Kugel, die sie Erde taufte, ihr Zuhause nennen.

Offiziell umfasst die menschliche Population 8 Mrd. Individuen, plus/minus ein paar Hundert Millionen. Die genaue Zahl ist unbekannt.

Was bedeutet das, abgesehen davon, dass es erst 3 Mrd. Menschen gab, als ich (im Jahr 1950) geboren wurde – und wir uns somit innerhalb von nur einer Generation mehr als verdoppelt haben?

Während ich diesen Essay schreibe, befinde ich mich inmitten des Pazifiks, einer dünnen Schicht Flüssigkeit auf der Oberfläche eines relativ kleinen, runden Felsens irgendwo in einem äußeren, abgelegenen Spiralarm der Milchstraße. Diese blassblaue Kugel umkreist einen durchschnittlich großen, gelben Stern, und auf ihr leben alle möglichen wunderbaren Wesen – unter ihnen auch etwa 8 Mrd. kleine, dumme Affen wie ich.

Gemäß aktuellster Schätzung der sternenbeobachtenden Wissenschaftsschar könnte es alleine schon in unserer Galaxie bis zu 60 Mrd. potenziell bewohnte Planeten geben. Und natürlich gibt es noch unzählige Möglichkeiten mehr, dass sich Leben anderswo entwickelt hat. So viele unbekannte Wesen, die nichts von uns ahnen, verstreut in der Weite des Universums. Und so wie wir auf unserem Ritt durchs All blind sind für extraterrestrisches Leben, nehmen wir die meisten nichtmenschlichen Lebensformen um uns herum kaum wahr.

Während den letzten paar Tausend Jahre feierten wir Menschenaffen eine Riesenparty auf Kosten praktisch aller anderen Arten dieses Planeten. Wir begegnen vielen von ihnen ohne jeglichen Respekt oder Rücksichtnahme; sogar jenen, die aussehen wie wir – Schimpansen etwa, oder Menschenaffen – oder die große, komplexe Gehirne haben, wie Wale oder Delfine.

Wir machen uns kaum Gedanken über andere Arten, nicht einmal, wenn wir sie essen oder für uns arbeiten lassen. Wir interessieren uns mehr für sie, wenn wir sie zu unserem Vergnügen töten oder einfach deshalb, weil wir sie nicht mögen.

Im Großen und Ganzen machen wir uns kaum Gedanken darum, woher wir kommen, wer wir sind und wohin wir gehen. Wir sind zufrieden, wenn wir etwas zu essen und zu trinken haben, etwas zu kaufen, einen anderen Affen, mit dem wir spielen oder uns paaren können, und wenn wir genügend vielfältige Anregungen, Unterhaltungsgeräte und die Gelegenheit haben, gemeinsam Ball zu spielen.

Wir Affen – Passagiere auf einer rotierenden Schlammkugel – sind absolut vernarrt in alles, was mit einer Kugel zu tun hat. Wir mögen es, Bälle zu werfen und zu fangen, zu kicken und zu schlagen, oder noch besser, anderen Affen dabei zuzusehen, wie sie Bälle werfen, fangen, kicken oder schlagen. Nichts erregt unsere Affenart mehr als das Bild eines Balls, der zwischen zwei Pfosten durchgeht, in einen Korb fällt oder mit einem Schläger in ein entferntes Loch im Boden geschlagen wird. Ich habe selbst eine Vorliebe dafür, einen kleinen Ball mit Grübchen durch den offenen Mund eines Clowns oder entlang kleiner Windmühlen zu befördern.

Ich schätze, das macht mich zu einem Golfer. Die Miniversion macht nicht viel mehr Sinn als klassisches Golfen, aber sie ist amüsanter und weniger teuer und vergeudet vor allem weniger Land.

Wir sind überzeugt, die Krone der Schöpfung zu sein; einige von uns glauben sogar, dass es im Himmel einen großen, jähzornigen und allmächtigen Affen gibt, der uns nach seinem Bild erschuf. Andere glauben, dass wir an Bord eines intergalaktischen Raumschiffs hierher kamen in einer Art extraterrestrischem Umsiedlungsprojekt. Viele von uns sind felsenfest davon überzeugt, dass wir nach unserem Tod in ein sagenhaftes, göttliches Paradies eintreten werden, das der Fantasie von Poeten entsprungen ist – außer natürlich, wir waren böse nach Ansicht einer Kaste mächtiger Affen, die sich anderen überlegen fühlen. Dann werden wir bis in alle Ewigkeit von schrecklichen, mythischen Affen dafür gefoltert, dass wir gegenüber dem großen Affengott im Himmel ungehorsam gewesen sind.

All das ist ein großes Rätsel, das viele Fragen aufwirft und keine definitiven Antworten bereithält. Tatsächlich hat keiner die geringste Ahnung, worum es in Wirklichkeit geht, und sehr wenige von uns sind bereit zu hören, dass die Antwort wahrscheinlich darin besteht, dass es keine Antwort gibt. Und so tischen wir den Schwachen und den Leichtgläubigen Räuberpistolen auf, da das schon immer am einträglichsten war.

Wir Affen besaßen jedoch schon immer die Gabe, uns zu amüsieren, und die 8 Mrd. menschlichen Affen, die sich auf dieser Schlammkugel tummeln, sorgen für so viele unterhaltsame Tragödien, dass ich mich oft frage, ob es denn nicht eine kollektive Pointe geben muss, um dieser globalen Comedyshow ein Ende zu setzen.

Die Ehe ist ein besonderes Affenritual und eine Institution, die vorsieht, dass zwei Affen, ein Männchen und ein Weibchen, bis zu ihrem Tod vereint bleiben, oder bis sie feststellen, dass sie einander satthaben, oder einer der beiden beschließt, sich mit einem attraktiveren Affen einzulassen und der andere wütend die Bande auflöst. Man muss wissen, dass die Ehe in den Augen des großen Affengotts im Himmel heilig ist und er Liebesbeziehungen zwischen zwei Affen des gleichen Geschlechts missbilligt. Warum? Nun ja, darum. Weil dem einfach so ist. In letzter Zeit scheint er nachsichtiger hinsichtlich „bis das der Tod euch scheidet“, und an einigen Orten, wo die heterosexuellen Affen nichts dagegen haben, erlaubt er die gleichgeschlechtliche Ehe.

Die vorherrschende Affennorm besagt, dass das Verliebtsein einer Reihe von Regeln gehorchen muss, die von der nicht gerade moralischen Mehrheit der Affen vorgeschrieben wird, die die Körper und das Verlangen der anderen kontrollieren möchte. Insbesondere männliche Affen mögen es, die Körper von weiblichen Affen zu kontrollieren, was höchstwahrscheinlich auf einen tiefen Groll darüber zurückgeht, dass alle männlichen Affen in Wahrheit halb weiblich sind, da das weibliche das ursprüngliche Geschlecht ist – auch wenn das den Anhängern des Garten- und Apfelbaummythos nicht passt. Frauen haben nämlich den Chromosomensatz XX, Männer den Satz XY – mit Ausnahme einiger weniger Fälle, in denen ein YY auftritt, was in der Regel nicht gut ausgeht.

Und währenddessen prügeln sich rund um die rotierende Schlammkugel andere Affen und töten sich gegenseitig im endlosen Streit darüber, wessen Affengott mächtiger ist.

Alles ist Affenspaß und -spiel, aber der Vorhang vor unserem amüsanten kleinen Kasperletheater wird sich schon sehr bald senken.

Das wird geschehen, wenn wir gezwungen sind, ohne unser kollektives Laster zu überleben – die Abhängigkeit von einer schwärzlichen, stinkenden Substanz aus zersetzten Körpern, dem Erdöl.

Eine Welt ohne Erdöl! Das wäre nicht derselbe Film! Und auch die Besetzung – die Milliarden von Charakteren und Zuschauern – könnte wohl kaum so beibehalten werden.

Aber es hat Spaß gemacht zuzusehen, wie sich die Affen von den Savannen und Wäldern aus weiterentwickelt haben, gelernt haben, Samen zu säen, Korn zu gären, Tieren den Garaus zu machen, einander zu töten und sich gewaltsamen philosophischen Auseinandersetzungen zu widmen, um herauszufinden, wessen Affengott mächtiger ist.

Dass unsere Geschichte, die der Affen auf ihrer rotierenden Schlammkugel, so amüsant ist, liegt vor allem daran, dass wir unsere eigene Wichtigkeit so verdammt ernst nehmen.

Alles, was wir je taten, tun und tun werden, ist, belanglosen Affengeschäften nachzugehen. Das schließt das Jagen und Sammeln großer Mengen materieller Dinge mit ein, mit denen wir uns schneller fortbewegen, schneller essen oder uns besser amüsieren können, etwa indem wir effizientere Wege finden, um einander umzubringen und den Planeten schneller zu zerstören.

Das Sprichwort „Was der Affe sieht, macht der Affe nach“ trifft freilich auf uns alle zu. Gib uns einen Degen und wir spießen jemanden auf; gib uns eine Pistole und wir feuern sie ab; gib uns eine Plattform mit Rädern und wir fahren herum; gib uns ein Radio und wir hören uns jeden Quatsch an, der ausgestrahlt wird; gib uns Geld und wir kaufen etwas, irgendetwas; gib uns einen Fernseher oder ein iPad und wir werden endlos auf den Bildschirm starren, um unsere Sehnsucht nach Abenteuer, Liebe, Glück und Unterhaltung zu befriedigen.

Es ist ziemlich witzig, wenn man darüber nachdenkt. Wir entstehen aus dem Nichts, wenn zwei Affen Körperflüssigkeiten miteinander austauschen, werden geboren und verbringen von da an unser Leben damit, das zu tun, was andere Affen uns sagen – einschließlich wann, wie und wo wir es tun sollen. Leider sind sie dabei immer etwas knausrig mit Informationen darüber, warum wir etwas tun sollen – und dieses „Warum" wird umso komplizierter, je mehr Affenmeinungen dazukommen.

Unser Leben besteht im Wesentlichen darin, etwas Aufregendes zu essen, zu trinken, zu tun und zu spielen zu finden. Und natürlich darin, einen – oder mehrere – andere Affen aufzutreiben, mit denen wir Körperflüssigkeiten austauschen können.

Und irgendwann, nach einer gewissen Zeit, die von Affe zu Affe variiert, hören wir plötzlich auf, zu existieren – was in mir immer, wenn jemand stirbt, den ich kannte, die Frage aufkommen lässt: Worum zum Teufel ging es da eigentlich?

Ich weiß natürlich, dass der Tod Teil des Lebens ist, aber wenn alle, die je bis vor, sagen wir, 100 Jahren lebten, heute tot sind, scheint alles ein wenig absurd, nicht wahr? Ich meine, wozu das Ganze?

Ging es einfach nur darum, eine gute Zeit zu haben, Ball zu spielen und Körperflüssigkeiten auszutauschen? Ist das wirklich alles?

Falls dem so ist, verstehe ich das Bedürfnis, ein paar Illusionen heraufzubeschwören, um in dieser ausweglosen Existenz einen Sinn zu finden.

Es sei denn, man kommt endlich der nackten Wahrheit auf die Spur …

Ein Baum tut das, was Bäume eben tun. Ein Fisch erfüllt seine Aufgabe als Fisch. Aber wir Menschen verbringen den größten Teil unserer Zeit damit, uns auf Kosten anderer Arten zu amüsieren.

Ich für meinen Teil denke, dass wir eines der kleinen, blinden evolutionären Experimente der Natur sind. Nach dem Motto, lass‘ uns mal schauen, was passiert, wenn wir diesen reizenden kleinen Affen ein Gehirn geben, dass gerade groß genug ist, um alle in Schwierigkeiten zu bringen, aber nicht so groß, als dass sie verstünden, worum es wirklich geht. Und schon ging's los und wir tanzten wie alberne Wesen um Felsen herum und warfen Knochen in die Luft – und schaut, wie weit uns das gebracht hat! Heute rennen wir als alberne Gestalten hektisch auf Bühnen hin und her, werfen mit großen Ideen um uns und halten uns für überlegene Wesen göttlichen Ursprungs, weit entfernt von den kleinen, nackten, arroganten Affen, die wir eigentlich sind.

Und während all dessen rotiert die Schlammkugel weiter und unser blassblaues Raumschiff setzt seinen Weg fort rund um das Zentrum einer gigantischen, mysteriösen Galaxie, ohne dass jemand ahnt, dass wir bereits vor Vollendung der nächsten Umrundung nicht mehr kollektiv existieren werden.

Die Schlammkugel wird es wahrscheinlich noch geben; der Stern, den sie umkreist, wird noch strahlen und mit etwas Glück werden, hoffentlich, einige der unglaublich vielfältigen Arten, die unsere Biosphäre ausmachen, ebenfalls überlebt haben. Uns werden sie wohl kaum vermissen.

Und dennoch klammere ich mich an die Hoffnung, dass wir eines Tages – und dieser Tag muss bald kommen, damit es noch nicht zu spät sein wird – vielleicht erwachsen werden und lernen, uns wie verantwortungsvolle Mitglieder des planetarischen Ökosystems zu verhalten. Dass wir damit aufhören, alles zu zerstören, uns gegenseitig zu hassen und zu töten, und dass wir verstehen, dass das Leben schön ist und divers, in enger Wechselbeziehung mit dem aller anderen steht, und alle Arten auf dieser Schlammkugel in Harmonie miteinander leben sollten.

Stell dir eine Welt ohne Grenzen vor, ohne Religionen, ohne kulturelle Differenzen, ohne Kriege, ohne Flaggen, ohne Sklaverei, ohne Brutalität, ohne Hass, ohne tierisches Leid, ohne konfliktgeladene Ideologien …

Wie John Lennon einst schrieb:

„Imagine there's no countries
It isn't hard to do
Nothing to kill or die for
And no region too
Imagine all the people
Living life in peace."

(Stell dir vor, es gäbe keine Länder
Es wäre gar nicht so schwer, das zu erreichen
Nichts, wofür man töten oder sterben müsste
und auch keine Religionen
Stell dir all die Menschen vor,
die ihr Leben in Frieden lebten.)

DIE LEBENS ERHALTUNGS-SYSTEME

DES RAUMSCHIFFS ERDE

Unser Raumschiff ist mit verschiedenen Lebenserhaltungssystemen ausgerüstet, die von spezialisierten Ingenieuren unterhalten werden.

Die sechs wichtigsten Kategorien von Lebenserhaltungssystemen sind:

1. Produktion, Recycling und Speicherung von Gasen
2. Zirkulation und Verfügbarkeit von Wasser
3. Produktion, Recycling und Verfügbarkeit von Nährstoffen
4. Entsorgung und Recycling von Abfallstoffen
5. Kommunikation zwischen den Arten und gegenseitige Abhängigkeit aller Arten
6. Temperaturregulation und Klimakontrolle

PRODUKTION, RECYCLING UND SPEICHERUNG VON GASEN

Die Regulierung von Gasen in unserem Raumschiff ist essenziell für das Fortbestehen von Leben.

Unsere Atmosphäre besteht aus etwa 78,08 % Stickstoff, 20,95 % Sauerstoff und 0,93 % Argon. Der Rest ist ein Gemisch verschiedener Spurengase, unter anderem der Treibhausgase Kohlenstoffdioxid, Methan, Lachgas und Ozon. Kohlenstoffdioxid macht 0,04 % aus.

Es ist wichtig, dass diese Balance in der Atmosphäre aufrechterhalten bleibt, und dafür sind verschiedene Organismen verantwortlich. Die Sauerstoffproduktion darf weder zu hoch noch zu gering ausfallen. Kohlenstoffdioxid muss fortlaufend gebunden, fixiert und gespeichert werden.

Das Phytoplankton produziert zwischen 60 und 70 % des Sauerstoffs, den die Welt braucht. Die restlichen 30 % werden von Pflanzen an Land bereitgestellt.

Die Organismen des Phytoplanktons sind die wichtigsten Ingenieure unseres Raumschiffs. Ohne ihre Sauerstoffproduktion wäre das Leben erheblich reduziert. Das Phytoplankton bindet auch enorme Mengen CO_2, genau wie die Wälder auf der ganzen Welt.

Wenn die Passagiere aber große Mengen an Treibhausgasen wie CO_2 und Methan produzieren, stellt das für die Ingenieurabteilung ein Problem dar.

Unser Lebenserhaltungssystem setzt voraus, dass unser Planet einen gewissen Prozentsatz an Wärme zurückbehält und den Rest ins All entlässt. CO_2, Methan und Wasserdampf wirken wie ein Deckel, der die Wärme daran hindert zu entweichen. Wenn überschüssige Wärme nicht entkommen kann, spricht man von einem Treibhauseffekt.

Die Atmosphäre besteht, wie erwähnt, zu 99 % aus nichtwärmeabsorbierendem Sauerstoff und Stickstoff sowie zu 1 % aus CO_2, Methan, Wasserdampf und Argon. Ohne die wärmeabsorbierenden Gase läge die Temperatur auf Erden bei etwa –18 °C. Trotzdem ist es äußerst wichtig, dass ihr Anteil unter 1 % bliebt, damit die Temperatur sich nicht stärker erhöht, als für das Leben nötig ist.

Gut reguliert gewährleistet das System die Stabilität dieses Gasverhältnisses und damit eine globale Durchschnittsoberflächentemperatur von 15 °C.

Wasserdampf sammelt sich in den tiefer liegenden Schichten der Atmosphäre, CO_2 aber kann bis in etwa 50 km Höhe aufsteigen, was seine Effektivität im Zurückhalten von Wärme steigert.

Das Verbrennen fossiler Energieträger erhöht die Konzentration von CO_2 in der Atmosphäre. Vor der industriellen Revolution lag sie bei etwa 288 ppm – im Jahr 2025 erreichte sie 414 ppm. Aufgrund der Erwärmung der Ozeane nimmt auch die Menge an Wasserdampf zu. Die kombinierte Wirkung von CO_2, Wasserdampf und Methan verursacht die aktuellen gravierenden Störungen und eine eskalierende globale Erwärmung.

Der Anstieg von CO_2 ist dem Menschen zuzuschreiben – nicht nur aufgrund von direkten Emissionen, sondern auch durch die Verringerung der Vielfalt von Arten, die CO_2 binden und speichern.

Zu den Akteuren, die mit der Bindung von CO_2 beauftragt sind, zählen Cyanobakterien ebenso wie andere Mikroorganismen und Bäume, Pilze und zahlreiche Tierarten. Wale sind beispielsweise höchst effiziente Ökosystemingenieure. Ein einziger Großwal nimmt während seines Lebens durchschnittlich 33 t Kohlenstoff auf. Er kann täglich bis zu 5.400 kg Krill verspeisen und produziert daraus etwa 2.700 kg mineralreiche Exkremente, die das Phytoplankton düngen.

Die 8 Mrd. Menschen produzieren riesige Mengen unnatürlichen Kohlenstoffs. Alle Tiere leben in einem geschlossenen System, innerhalb dessen sie den Pflanzen CO_2 zur Verfügung stellen und Sauerstoff von ihnen erhalten. Unsere unheilvolle Produktion von überschüssigem CO_2 aber stammt aus der Freisetzung von in Erdöl, Gas, Kohle, Holz und Torf gebundenem Kohlenstoff. Atmen ist natürlich, das Verbrennen von Rohstoffen, die CO_2 emittieren, ist es nicht.

Obwohl es zu spät ist, den Anstieg der CO_2-Konzentration rückgängig zu machen, ist es noch nicht zu spät, die Schäden zu begrenzen. Leider scheint diese Möglichkeit angesichts der heutigen politischen und wirtschaftlichen Lage der menschlichen Gesellschaften höchst unwahrscheinlich.

Dennoch liegt die Lösung auf der Hand: Wir müssen den Ausstoß von Treibhausgasen reduzieren und die ökologische Vielfalt sowie die Wechselbeziehungen zwischen den Arten fördern. Mehr Wale und weniger Kühe (Methanquelle), mehr Bäume, gesunde Populationen von Mikroben, Insekten und Fischen.

WASSERKREISLAUF

Die wertvollste Substanz auf unserem Planeten ist das Wasser. Ohne Wasser gäbe es kein Leben. Verminderte Wasserverfügbarkeit führt zu einer Verminderung von Leben.

Wasser zirkuliert fortwährend durch unser Raumschiff Erde, sei es im Meer, in der Atmosphäre, unter der Erde, gefroren in Gletschern oder in den Zellen jeder Pflanze und jedes Tieres. Wasser ist Leben!

Bloß 3 % ist Süßwasser und nur 1,2 % davon sind trinkbar. Der Ozean beherbergt 96,5 % allen Wassers, der wertvollsten Substanz für das Leben auf der Erde. Entsalzungsanlagen können aus Meerwasser Trinkwasser gewinnen, doch das ist mit Energiekosten verbunden.

Wasser ist das Lebenselixier unseres Planeten. Es ist wichtig, dass es fließen kann, um Abfallstoffe abzutransportieren und Nährstoffe zu verteilen. Flüsse dienen gleichzeitig als Arterien und Venen, die das Land fruchtbar machen und Abfälle in Richtung Meer befördern. Dabei passiert das Wasser reinigende Sumpfgebiete, Ästuare und Marschen, wo es sich eines Teils seiner Salze entledigt und teilweise verdunstet, um in der Atmosphäre recycelt zu werden.

Feuchtgebiete wirken wie Pumpmechanismen, die das Wasser mithilfe von Sonne, Wolken und aquatischen

Organismen in Bewegung halten, während sie gleichzeitig ununterbrochen seine Verunreinigungen beseitigen und einen essenziellen Lebensraum bieten.

An diesem Unterfangen wirken Zehntausende Pflanzen und Tiere mit. Zu ihnen zählen nicht zuletzt Bakterien, Makrophyten, Protozoen und Rädertierchen, gewisse Fischarten, Insekten, Wurzeln von Pflanzen und die Pilznetzwerke dieser Feuchtgebiete.

Ohne diese wichtigen Ingenieure würden die Wasserreserven stagnieren und auf katastrophale Weise schwinden.

PRODUKTION, RECYCLING UND VERFÜGBARKEIT VON NÄHRSTOFFEN

Alles Leben, alle Passagiere und die gesamte Besetzung des Raumschiffs Erde benötigen zwei grundlegende Dinge, um zu überleben: Wasser und Nährstoffe.

Alles tierische Leben ist auf Pflanzen angewiesen, entweder durch direkten Verzehr oder durch das Konsumieren des Fleisches von Tieren, die Pflanzen gefressen haben. Pflanzen haben den Vorteil, ihre eigene Nahrung durch Photosynthese herstellen zu können.

Dieser gesamte Prozess beruht auf den komplexen Wechselbeziehungen zwischen allen Arten innerhalb eines Ökosystems, getreu dem zweiten Gesetz der Ökologie. Er erfordert ein gesundes Verhältnis zwischen Räubern und Beute und, wie alles auf unserem Raumschiff, den wesentlichen Beitrag von Mikroben. Im Bereich der Nahrungsproduktion gehören Bienen und andere Bestäuber zu den wichtigsten Ingenieuren. Ohne Bestäubung ginge die Pflanzenvielfalt zurück, was auch zu einer Verminderung von tierischem Leben führen würde.

ENTSORGUNG UND RECYCLING VON ABFALLSTOFFEN

Die Entsorgung und das Recycling von Nährstoffen stellen eine wichtige Aufgabe an Bord des Raumschiffs Erde dar und schließen die Beseitigung von tierischen Ausscheidungen ebenso mit ein wie die von toten Tieren und Pflanzen.

Zu den Ingenieuren dieser Abteilung gehören etwa Insekten, Würmer, alle Aasfresser und, natürlich, das umfangreiche Reinigungsteam, das der Vielfalt an mikrobiellem Leben entstammt.

KOMMUNIKATION ZWISCHEN DEN ARTEN

Pflanzen kommunizieren untereinander. Tiere kommunizieren mit ihren Artgenossen. Aber Pflanzen kommunizieren auch mit Tieren.

Innerhalb eines Waldes werden Informationen – hauptsächlich in chemischer Form – via Netzwerk aus Pilzen und Mikroben im Boden übermittelt. Wenn ein Baum in einem Teil des Waldes von Parasiten oder einem Krankheitserreger angegriffen wird, beginnen auch Bäume in einiger Entfernung damit, Antikörper gegen einen Erreger zu produzieren, der sie noch nicht erreicht hat.

Tiere kommunizieren mittels Vokalisation und Körpersignalen untereinander, Mikroben mittels chemischer Signale. Gewisse Tiere entwickelten synchrones Gruppenverhalten, das wir noch immer nicht gut verstehen, aber beispielsweise in Fisch- oder Vogelschwärmen beobachten können. Ein solches kollektives Verhalten, bei dem sich eine Gruppe wie ein einziger Organismus verhält, bezeichnen wir als „Schwarmintelligenz". Fischen und Vögeln wird das durch spezielle Sinnesorgane möglich gemacht, die kleinste Vibrations- und Druckunterschiede wahrnehmen können.

Bienen nutzen ein Kommunikationssystem, das sich Tanzbewegungen zunutze macht. Viele Insekten wie beispielsweise Ameisen und Termiten nutzen eine kollektive, streng codierte Form der Kommunikation, die es einer Kolonie oder einem Staat erlaubt, effizient zu funktionieren.

TEMPERATUR- UND KLIMAREGULATION

Die einzige Lösung im Kampf gegen den Klimawandel besteht darin, den planetaren Ingenieuren des Raumschiffs Erde zu erlauben, ihre Arbeit zu machen und unser Lebenserhaltungssystem instand zu halten.

Wir wissen inzwischen, dass wir in Harmonie mit der gesamten Artenvielfalt auf unserem Planeten leben müssen. Unser Leben hier ist nur dank des Wirkens 1 Mio. anderer Arten möglich, von den kleinsten Mikroben bis zu den größten Walen. Wir sind also verpflichtet, als Art alles uns

Mögliche zu unternehmen, um die Biodiversität und die ökologische Integrität aller Ökosysteme zu schützen.

Wir müssen aus unserer Rolle als Passagiere ausbrechen und beginnen, uns aktiv am Unterhalt unseres Lebenserhaltungssystems zu beteiligen.

Diese Aufgabe ist nicht einfach für eine Art mit einem arroganten, anthropozentrischen Verständnis ihrer Position an Bord des Raumschiffs. Obwohl wir bloß Passagiere sind, begannen wir, uns als Kommandanten zu fühlen und die belebte Welt gnadenlos zu unterwerfen.

Wir schufen uns unsere eigene, kollektive Legende und sehen uns als überlegene, gottähnliche Geschöpfe, obwohl wir in Wahrheit nichts weiter sind als eine Bande nackter, aufgeblasener Affen, die damit beschäftigt ist, das Lebenserhaltungssystem zu zerstören, dem wir unsere Existenz, unsere Gesundheit und unser Wohlergehen verdanken.

Wir sind den Bienen in keiner Weise überlegen, den Fischen nicht, den Bäumen und Flöhen nicht. Wir sind Teil des untrennbaren Ganzen, ebenso wie alle anderen Teile der Biosphäre.

Um zu überleben, brauchen wir eine neue Geschichte, ein neues Bezugssystem und eine neue Weltanschauung. Wir müssen die zerstörerische und egoistische Perspektive des Anthropozentrismus durch ein progressives, konstruktives und harmonisches Weltbild wie jenes des Biozentrismus ersetzen, eine Philosophie, die seit Jahrtausenden indigenen Kulturen diente.

EVALUATION DER KRITISCHEN SYSTEME

Das Raumschiff Erde verfügt über zahlreiche entscheidende Systeme, die funktionieren und instandgehalten werden müssen, um Gesundheit und Sicherheit von Passagieren und Crew zu gewährleisten.

DIE WICHTIGSTEN DIENSTLEISTUNGEN

Bestäubung
Zu diesem System zählen Blütenpflanzen und die Tiere, die sie bestäuben. Dazu gehören etwa Fledermäuse, Vögel, Schmetterlinge, Motten, Fliegen, Käfer, Wespen, kleine Säugetiere und die ranghöchsten Ingenieure dieser Branche, die Bienen. Die Tiere übernehmen die Arbeit und die Pflanzen belohnen sie mit Nektar und Früchten. Diese

enge Beziehung begann vor etwa 250 Mio. Jahren mit dem Aufkommen der Blütenpflanzen und funktioniert unter Mitwirkung zahlreicher Tierarten seit damals reibungslos.

Sauerstoffproduktion

Alles tierische Leben benötigt Sauerstoff. Dieser wird zu 60 bis 70 % in den Ozeanen vom Phytoplankton hergestellt, die restlichen 30 bis 40 % von Landpflanzen, vor allem von Wäldern. Das Raumschiff Erde hat eine blaue und eine grüne Lunge.

Für seine Entwicklung benötigt Phytoplankton Eisen, Nitrate, Calcium, Phosphor und Silizium. All diese Nährstoffe finden sich in tierischen Ausscheidungen, etwa jenen von Walen, Delfinen, Meeresschildkröten, Seevögeln oder Fischen. Insbesondere Walexkremente sind eine wichtige Quelle von Eisen, Phosphor und Stickstoff. Das macht Wale zu bedeutenden Nährstofflieferanten des Phytoplanktons und ihr Rückgang führt zur Verminderung der Produktivität des Phytoplanktons. Seit 1950 haben sich Phytoplanktonpopulationen um 40 % verringert.

CO_2-Sequestrierung

Diese Aufgabe wird vom Phytoplankton, dem Zooplankton und unzählige anderen Arten übernommen.

Entsorgung organischen Abfalls

Zu den Destruenten gehören alle Organismen, die organisches Material zersetzen und so Nährstoffe innerhalb eines

Ökosystems wieder verfügbar machen. Zu ihnen zählen etwa verschiedene Bakterien, Pilze, Würmer, Schnecken, Insekten und Aasfresser.

Integrität des Bodens
Mikroorganismen, Würmer, Insekten, Maulwürfe, Pilze und Pflanzen kümmern sich um die Belüftung, die Nährstoffzufuhr und das Düngen der Böden.

DIE INGENIEURE DES RAUMSCHIFFS ERDE

Alle Lebewesen haben ihren Platz und ihre Aufgabe. Einigen jedoch fällt eine unerlässliche Rolle im ökologischen Gefüge zu. Sie sind verantwortlich für den Unterhalt und die Reparaturen am Lebenserhaltungssystem unseres Raumschiffs. Der Verlust jeder einzelnen Art ist ein Instabilitätsfaktor, da er ein Vakuum in einer ökologischen Nische entstehen lässt. Die Natur aber, so sagt man, verabscheut das Nichts, und so übernimmt normalerweise eine andere Art die Verantwortlichkeiten einer verlassenen Nische, was die Stabilität wieder herstellt. Wird eine ökologische Nische nicht wieder besetzt, beginnen sich die Verhältnisse in einem Ökosystem zu verschlechtern.

Mikroben, Pilze, Flechten, Algen und Moose sowie Insekten, Würmer und Invertebraten sind die Geoingenieure unserer Umwelt.

Mikroben

So ziemlich überall auf unserem Raumschiff leben Mikroorganismen in Hülle und Fülle; insgesamt gibt es etwa 1 Mrd. verschiedene Arten. Sie werden in fünf große Gruppen unterteilt: Viren, Bakterien, Archaeen, Pilze und Protisten.

Viren existieren an der Grenze zum Leben; sie sind mit allem tierischen und pflanzlichen Leben verbunden und erfüllen meist positive ökologische Funktionen. Unter gewissen Umständen können sie aber auch schädlich oder gar tödlich sein. Sicher ist jedenfalls, dass alle an Bord unseres Raumschiffs eine enge Beziehung mit Viren haben.

Protisten sind wichtige Ingenieure in der Instandhaltung unserer natürlichen Ökosysteme. Wir treffen sie am Anfang der Nahrungsketten an, wo sie sich von Bakterien und anderem organischen Material ernähren oder Nährstoffe aus der Umwelt aufnehmen.

Pilze

Es gibt etwa 5 Mio. Arten Pilze, einschließlich etwa 1,5 Mio. Schimmelpilzarten. Schimmel spielt eine wichtige Rolle im Abbau von toter Materie und deren Umwandlung zu Nährstoffen. Pilze erhalten die Gesundheit der Böden und dienen Pflanzen als Kommunikationsnetzwerke.

Flechten, Algen und Moose

Etwa 20.000 Arten von Flechten, über 30.000 Algenarten und etwa 12.000 Arten von Moosen bevölkern die Erde. Moose isolieren die Böden, speichern Wasser und stabilisieren Ökosysteme. Flechten sind Pionierarten, die Gestein zu Erde zersetzen können und nachfolgenden Pflanzen so den Weg ebnen. Algen produzieren Sauerstoff und stellen eine Kohlenstoffsenke dar.

Phytoplankton

Es gibt mehr Phytoplankton im Meer als sichtbare Sterne in unserer Galaxie. Ihm gehören über 5.000 Arten an; die häufigsten sind Cyanobakterien, mit Siliziumdioxid umhüllte Kieselalgen, Dinoflagellaten, grüne Algen und von Kalkschuppen ummantelte Coccolithophoriden. Das Phytoplankton ist extrem divers und schließt photosynthetisierende Bakterien (die Cyanobakterien) ebenso mit ein wie die pflanzenähnlichen Diatomeen oder die gepanzerten Coccolithophoriden. Es agiert als unser größter Sauerstoffproduzent und als eine Kohlenstoffsenke und formt die Grundlage aller marinen Nahrungsnetze.

Würmer

Es gibt etwa 20.000 Arten von Würmern auf dem Raumschiff Erde. Sie sind höchst effiziente Ingenieure, die fortlaufend die chemischen, physikalischen und biologischen Eigenschaften der Böden und der Biomasse verändern.

Insekten

Insekten machen etwa 80 % aller Tierarten aus (tierische Mikroben nicht mitgerechnet) und ihre globale Population umfasst vermutlich etwa 10 Quintillionen Individuen, die etwa 5 Mio. Arten angehören. Diese wunderbar effizienten Ingenieure bestäuben Pflanzen, bauen organisches Material ab, düngen Böden und stellen eine wichtige Nahrungsquelle für Zehntausende Arten dar.

Wirbeltiere machen nur etwa 5 % aller Tierarten auf der Erde aus und wir sind seit dem Aussterben der Neandertaler vor etwa 30.000 Jahren die einzige überlebende Menschenart.

DIE UNSICHTBAREN ELEMENTE, DIE ÜBER UNSER ÜBERLEBEN BESTIMMEN

Sie leben in uns, auf uns und um uns herum und ohne sie wären wir keine Passagiere des Raumschiffs Erde. Ohne sie wäre dieser Planet bloß ein kalter, unfruchtbarer Felsbrocken, der durchs All treibt. Sie und wir sind eins, vereint durch unsere gemeinsame Evolution. Wir verdanken unsere Existenz diesen unvorstellbar vielfältigen Ingenieuren aus dem Reich der Mikroben, Pilze und Insekten. Dies ist die Definition des Biozentrismus: eine harmonische Zusammenarbeit aller Arten, um das Lebenserhaltungssystems des Raumschiffs Erde aufrechtzuerhalten.

DAS PROBLEM

KOYAANISQATSI

Koyaanisqatsi (ko-yaa-nis-qatsi) ist Hopi und bedeutet „Leben im Ungleichgewicht".

Seit Jahrtausenden ist die Menschheit nicht mehr im Gleichgewicht mit der Natur und diese Instabilität bedroht alles Leben auf unserem Planeten.

Wenn wir nicht lernen, in Harmonie mit allen anderen Arten dieses Planeten zu leben, schaden wir ihnen und uns selbst. Unsere Existenz und unsere Gesundheit verdanken wir Tausenden von Pflanzen-, Tier- und Mikrobenarten. Jede Störung der Harmonie in der Natur verursacht schwerwiegende Störungen im Leben unserer eigenen Art.

Anzeichen dieser Disharmonie zeigen sich jeden Tag in Form von Naturkatastrophen, Kriegen, Elend und ökologischem Chaos. Folgen wir diesem Pfad, werden wir zu Urhebern unseres unvermeidlichen Untergangs. Wir haben es aber auch in der Hand, das große Übel anzugehen, das eine so verheerende Wirkung auf den gesamten Planeten hat.

Es ist eine schwierige Aufgabe, manche mögen sie gar unlösbar nennen, aber ich bin fest davon überzeugt, dass die Antwort auf ein unlösbares Problem darin besteht, eine scheinbar unmögliche Lösung zu finden.

Ich bin ebenso davon überzeugt, dass uns die Gesetze der Ökologie eine Lösung diktieren werden, falls wir selbst keine finden – eine, die effektiv sein wird, für unsere Art aber nicht besonders angenehm.

Ist der *Homo sapiens* zu einem grundlegenden Paradigmenwechsel vom Anthropozentrismus zum Biozentrismus fähig? Sind wir bereit, die Idee zu akzeptieren, dass wir mit allen anderen Arten in Harmonie und gemäß den fundamentalen Gesetzen der Ökologie leben müssen, um zu überleben?

Der Biozentrismus steht in vollkommenem Widerspruch zum politischen, kulturellen und ökonomischen Verhalten unserer menschlichen Zivilisationen. Und doch ist er das einzige Heilmittel, unsere einzige Lösung, um uns vor uns selbst zu retten.

Es ist offensichtlich, dass wir selbst unser ärgster Feind sind, wenn es um unser Überleben geht.

Die Evolution machte uns zur gefährlichsten Kreatur auf Erden – nicht nur für andere Lebewesen, sondern auch wahnsinnig gefährlich für uns selbst.

ABHÄNGIGKEIT

Bei den Treffen der Anonymen Alkoholiker besteht die erste Regel darin, seine Abhängigkeit anzuerkennen. „Hallo, mein Name ist Paul Watson und ich bin süchtig nach dieser schwarzen Substanz, die wir Erdöl nennen." Sie ist in jeder Hinsicht eine Droge.

Wie die meisten Leser*innen dieses Buches verbrauche ich unter anderem Erdöl, wenn ich Auto fahre, fliege, Nahrung verspeise, die mithilfe von Düngemitteln produziert wurde, oder Plastik verwende. Ich bin viel erdölabhängiger als viele andere Menschen, da ich Schiffe kommandiere, die – trotz löblichen Einsatzes gegen die Wilderei – jedes Jahr Tausende Barrel Erdöl verbrennen. Ich rechtfertige diese Abhängigkeit damit, dass wir illegale Fischereiaktivitäten stoppen, was bedeutet, dass wir global netto mehr CO_2-Emission verhindern als wir verursachen. Wir vergleichen die Menge an Treibstoff, die wir benötigen, mit jener, die durch die von uns gestoppten

Schiffe nicht mehr verbrannt werden wird. Wir rechtfertigen unseren Verbrauch auch damit, dass wir unseren Job ohne unsere Schiffe nicht machen könnten.

Leider ist das dieselbe Rechtfertigung, die auf jede*n von uns zutrifft. Erdöl ist eine begrenzte Ressource, die die Weltwirtschaft am Laufen hält. Das bedeutet, dass ich – trotz all unserer Bemühungen und der Erfolge, die wir mit unseren Aktivitäten zum Schutz der Natur erreicht haben –, wie fast alle anderen auch, ein ökologischer Krimineller bin.

Was können wir also tun?

Wir könnten unser Engagement beenden und den Wilderern erlauben, die marinen Ökosysteme weiter zu zerstören. Wir könnten die Meerestiere aufgeben, für deren Erhalt wir kämpfen, aber auch dann könnten wir uns nicht der Tatsache entziehen, dass wir Heuchler sind in einer von Heuchlern dominierten Welt. In anderen Worten: Wir sind alle schuldig. Eine Geburtsurkunde ist Beweis genug für die Mitschuld. Von unserer Geburt bis zu unserem Tod, von Wegwerfwindeln bis zum Sarg oder der Kremation, verbrauchen wir Erdöl. Auch wenn wir uns manchmal Mühe geben, unseren Lifestyle zu ändern – nicht mehr zu fliegen, Produkte zu boykottierten, die mit Lastwagen, Schiffen und Flugzeugen transportiert werden, nichts mehr zu kaufen, das Maschinen oder Dünger benötigt –, ist das Überleben von 8 Mrd. Menschen überhaupt denkbar ohne Erdöl, Kohle und Gas?

Leider ist die ehrliche und realistische Antwort auf diese Frage: Nein.

Nun, da wir unsere Abhängigkeit anerkannt haben, müssen wir uns des Ausmaßes und der Schädlichkeit dieser Abhängigkeit bewusst werden, um uns dieser kolossalen Last eines Tages entledigen zu können.

Der globale Verbrauch von Erdöl liegt bei etwa 93.500.000 Barrel am Tag. Die USA verbrauchen davon 19.530.000 Barrel, gefolgt von China mit 11.120.000 und Japan mit 4.120.000 Barrel. Frankreich liegt auf dem 13. Platz mit durchschnittlich 1.691.000 Barrel am Tag. Unsere gesamte Zivilisation ist abhängig von dieser Substanz, um Auto zu fahren, zu fliegen, uns fortzubewegen, Dinge zu transportieren, zu heizen, Strom zu produzieren, Dünger und Plastik herzustellen, uns zu unterhalten und Kriege zu führen.

Unsere Lebensweise besteht darin, die fossilen Brennstoffreserven unseres Planeten aufzubrauchen, und wir werden sie zweifellos komplett erschöpfen. Dabei ist das Gesetz der endlichen Ressourcen unmissverständlich: Unsere Erdöl-, Gas- und Kohlereserven sind endlich und so wird die fossile Brennstoffindustrie zusammenbrechen. Die einzige Frage ist, wann.

Stell dir eine Welt ohne fossile Energieträger vor. Sie wird nicht angenehm sein. Wir werden zu Segelschiffen und Pferden zurückkehren. Meine optimistischste Vision für das Jahr 2125 ist, dass es ein wenig wie 1825 aussehen wird. Meine weniger optimistische gleicht einer Welt wie im Film *Mad Max*, bloß ohne die Autos. Meine pessimistischste ist eine sterile Welt wie in den Endtagen des großen Perm-Massensterbens.

Vor jedem dieser Szenarien wird es zu einem dramatischen Rückgang der menschlichen Population kommen, ausgelöst durch die Überbevölkerung, unseren übermäßigen Konsum von Ressourcen und die Emergenz neuer Viren. Dies wir von einem zunehmenden Rückgang anderer Arten begleitet werden sowie von einer beschleunigten Erschöpfung von Ressourcen aufgrund des Zusammenbruchs von Infrastruktur, Ernteausfällen, Epidemien und Kriegen.

Die Prognose sieht nicht gut aus.

Es ist nicht meine Absicht, Gemüter mit falschen Versprechungen und Hoffnungen zu beruhigen. Wir müssen uns der Tatsache stellen, dass die Herausforderungen gewaltig und die Überlebenschancen nicht vielversprechend sind.

Korallenriffe sind die besten Beispiele für die Folgen des Klimawandels. Korallen bleichen derzeit nicht nur aus, sie lösen sich regelrecht auf und sterben rund um den Erdball in alarmierendem Tempo.

Korallen bleichen aus, wenn sie aufgrund von wärmerem Wasser und zunehmender Versauerung ihre symbiotischen Algen verlieren. Es sind die Algen, die den Korallen ihre Farbe verleihen.

Anders als wir Menschen können sich bestimmte Korallenarten an den Klimawandel anpassen, indem sie tiefere subtropische oder kühlere Gewässer besiedeln. Tropische Riffe sind um 85 % zurückgegangen, während die Ausbreitung von Korallen außerhalb der Tropen um 78 % zunahm.

Die Zukunft sieht düster aus für die tropischen Korallenriffe. Im Jahr 2100 könnten sie alle verschwunden sein. Einzelne Korallenarten könnten sich anpassen und überleben, die Ökosysteme dieser tropischen Riffe werden das aber vermutlich nicht schaffen, was für Tausende tropische Arten das Todesurteil bedeuten würde.

Die Ordnung der Steinkorallen oder Scleractinia überlebte das Massensterben der Kreide-Paläogen-Grenze, indem sie in tiefere Meeresschichten floh, und sie scheint sich gerade wieder darauf vorzubereiten.

Anders als Korallen zeigen wir Menschen kaum echte Anzeichen von Anpassung.

Wird die Menschheit in der Lage sein, fossilen Brennstoffen den Rücken zu kehren, dieser Ressource, die im Laufe des nächsten Jahrhunderts erschöpft sein wird? Werden die Menschen von ihren Vergnügungen und Ablenkungen ablassen, bevor es zu spät ist?

DER DROHENDE ANGRIFF

AUF DAS LEBEN IN DER TIEFSEE

Ich werde einen Sprung in die Vergangenheit machen, zurück in den April 1977, als ich auf dem Pier 32 in Honolulu zusah, wie faustgroße Gesteinsbrocken von der *Sedco 445*, einem in Liberia registrierten Bergbauschiff, entladen wurden.

John L. Shaw, Präsident und Generaldirektor der Ocean Management Inc., führte mich durch die *Sedco 445*, das erste Schiff, das eine Tiefseebergbauoperation durchgeführt hatte.

Die *Sedco 445* kam gerade von einem Abbauort etwa 1.300 bis 1.600 km südwestlich von Hawaii zurück, wo sie einen kontinuierlichen Strom von Material aus einer Tiefe von 5.000 m an die Oberfläche befördert hatte.

Ich nahm einen der Brocken in die Hand, der wie eine schwarze Kartoffel aussah. Shaw erläuterte, dass jede dieser Knollen über 200 Mio. Jahre gebraucht hatte, um sich am Meeresgrund zu bilden, und bis zu 30 verschiedene Minerale enthält, darunter Nickel mit einem Anteil von 1,25 bis 1,5 %.

Gemäß Shaw entwickelten sich die Knollen ausgehend von gesunkenen Überresten wie Haizähnen oder Fischgräten, die als Kerne dienen, an denen sich Spurenelemente anlagern. Man vermutet, dass die Knollen in 1.000 Jahren etwa 1 mm wachsen, in manchen Gegenden Milliarden solcher kartoffelgroßen Knollen am Meeresboden liegen und es auf jeder von ihnen von winzigen Meereslebewesen wimmelt.

Die ersten Erkundungsfahrten wurden durch Annahmen von John L. Mero aus dem Jahr 1965 inspiriert, wonach im Pazifik gewaltige Mengen an Ferromangan-knollen lagerten. Er mutmaßte, dass der pazifische Meeresgrund schier unendliche Vorräte an Metallen enthielt, besonders Mangan, Kupfer, Nickel, Kobalt, Lithium, Zink und Molybdän. Diese neuen Abbaumöglichkeiten weckten Begierden bei großen Bergbauunternehmen.

Nach Schätzungen der Ozeanografen aus dem Jahr 1965 könnten solche Knollen bis zu 2 Bio. t Erzminerale enthalten; mehr als alle bekannten Vorkommen an Land zusammen.

Am 19. April 1977 sah ich zu, wie die *Sedco 445* in Honolulu wieder auslief, um mittels einer zweiten experimentellen Methode eine weitere Ladung Knollen zu bergen. Der erste Test zum Einsatz von hydraulischen Pumpen war erfolgreich abgeschlossen, im zweiten sollte am

Meeresboden ein Nassvakuum erzeugt werden, um die Knollen aufzusaugen.

Ich drückte gegenüber John Shaw meine Besorgnis aus und fragte, ob sie eine Studie zu möglichen ökologischen Schäden gemacht hätten. Er verneinte. Seine Hauptsorge war wirtschaftlicher Natur. Er erklärte, dass der aktuelle Nickelpreis keinen großflächigen Abbau rechtfertigen würde.

„Wir haben nun das Potenzial“, meinte er, „aber auch abgesehen von den politischen Hindernissen ist der Nickelmarkt derzeit tief bewertet. Wir können es uns leisten abzuwarten.“

Tatsächlich lag es 1977 im Interesse der INCO (International Nickel Company) zu warten und in einem Bericht des US-Finanzministeriums aus dem gleichen Jahr ist zu lesen, dass INCO vor Ort aktiv sei, um den Nickelmarkt vor den Folgen einer Schwemme dieser Knollen zu schützen. „INCO will den Tiefseebergbau vermutlich unterbinden.“

Für INCO, als weltweit führendes Unternehmen, war es vor allem wichtig, die Kontrolle über das internationale Nickelangebot zu behalten.

Alfred Statham, der damalige Vizepräsident der INCO, der für den Meeresbergbau zuständig war, gestand gegenüber dem US-Senatsausschuss ein, dass „die Tatsache, dass wir das einzige Konsortium sind, uns eine andere Perspektive eröffnen könnte“.

Noch im Jahr 1977 waren vier eindrucksvolle Konsortien, die sich alle gerne weite ozeanische Territorien einverleiben wollten, bereit, den Kampf mit der INCO aufzunehmen. Abgesehen vom Langzeitrivalen der INCO, Le Nickel SA im Besitz der Familie Rothschild, betraten drei Neulinge die Bühne des Nickelmarkts: Kennecott Copper Corporation, U.S. Steel Corporation und Lockheed Aircraft.

U.S. Steel, der größte Nickel- und Manganverbraucher der Welt, hoffte, sich durch den Tiefseebergbau von seiner Abhängigkeit von der INCO loseisen zu können.

Lockheed, der Betreiber der *Glomar Explorer* – des Schiffes, das Howard Hughes für die CIA baute –, hoffte, dass der Tiefseebergbau als hochtechnologische Industrie wichtige staatliche Fördermittel einbringen würde.

Mein Interesse galt den ökologischen Auswirkungen. Die Knollen enthielten nur 1,5 % Nickel. 70 % des vom Meeresgrund hochgepumpten Materials waren wertloser Abfall. Shaw versicherte mir, dass „das Bergen der Knollen umwelttechnisch sicher ist; es gibt nahezu keine Nebenwirkungen für die Umwelt". Er fügte hinzu: „Wir hatten Inspektoren der NOAA an Bord, die unsere Tätigkeiten beobachteten und ihre Zustimmung gaben. Sie überwachten die Aktivitäten und stellten keine ernsthaften Umweltprobleme fest."

Dr. Robert Burns, einer der Ozeanografen, der die *Sedco 445* begleitete, sah das jedoch differenzierter: „An seiner (Shaws) Stelle würde ich die Ergebnisse wohl auch so interpretieren. Das liegt in seinem Interesse."

Burns erklärte, dass bisher erst eine einzige Tiefseebergbauoperation beobachtet worden sei – jene, von der er gerade zurückgekehrt sei. Es sei deshalb zu früh, um definitive Aussagen in irgendeine Richtung machen zu können. „Es handelte sich um einen kurzen, räumlich begrenzten Einsatz. Zudem war das Wasser sehr trüb. Wir haben keinerlei Anzeichen von Verschmutzung festgestellt, aber welche Folgen ein Großeinsatz haben wird, können wir nicht vorhersagen." Wer etwas anderes behaupte, meinte er, mache sich (und anderen) etwas vor.

Auch andere renommierte Wissenschaftler*innen der Zeit hielten nicht mit ihrer Skepsis zurück.

Laut einem von Dr. Karl Turekian, einem Ozeanografen der Yale University, veröffentlichen Bericht könnte Abfallmaterial, das an der Meeresoberfläche freigesetzt wird, Jahre oder gar Jahrzehnte brauchen, bis es wieder den Meeresboden erreicht. Meeresströmungen könnten Staub, Schlamm und Rückstände über weite Teile des Pazifiks verteilen. Turekian schätzte, dass mehrere Hunderttausend Quadratkilometer des Pazifiks bis Ende des Jahrhunderts kontaminiert sein könnten, falls alle damals geplanten Abbauaktivitäten erlaubt und bis Mitte der 80er-Jahre in Betrieb genommen würden.

Aus wirtschaftlichen und politischen Gründen verwirklichte sich diese Voraussage glücklicherweise nicht. Doch heute, fast ein halbes Jahrhundert später, droht diese Gefahr wieder aufzutauchen.

Abfallerze aus zerstoßenen Knollen könnten von Fischen, Walen und anderen Meerestieren aufgenommen werden, mit möglicherweise verhängnisvollen Folgen. Via Fischkonsum könnten auch Menschen der Gefahr einer Schwermetallvergiftung ausgesetzt sein.

Bakterien, die den langsam sinkenden Sedimenten anhaften, könnten im tiefen Benthal Sauerstoff verbrauchen, wo dieser bereits rar ist. Eine möglicherweise daraus resultierende Konkurrenz um Sauerstoff würde den Organismen dieser Meereszone schaden.

Wenn die Sedimente in 5 bis 6 km Tiefe endlich den Meeresboden erreichten, würde die Schlammschicht den Großteil der dort ansässigen Lebensformen ersticken. Gemäß einer Studie des Lamont-Doherty Geological Observatory der Columbia University könnte das gravierende Folgen haben. Die Studie betonte, dass es unmöglich sei zu wissen, wie lange benthische Lebewesen bräuchten, um verwüstete Bereiche des Meeresbodens wieder zu besiedeln. Ebenso wenig sei bekannt, wie sich ein Schwund des benthischen Lebens auf die Nahrungsketten des gesamten ozeanischen Ökosystems auswirken würde.

Eine weitere ernsthafte Sorge besteht darin, dass dormante Sporen oder Bakterien, die seit Millionen Jahren nicht gestört worden sind, an der Meeresoberfläche inmitten von Lebewesen freigesetzt werden könnten, die keinerlei Immunität gegen sie besitzen.

Im Jahr 1977 sprach ich mit dem Cetologen Dr. Roger Payne über diese Befürchtungen. Er fügte hinzu, dass dichte Sedimentwolken die Ausbreitung von Schallwellen im Meer stören könnten, was die Kommunikation und Wanderungen von Walen beeinträchtigen und das Sozialverhalten von verschiedenen Wal- und Delfinarten stören könnte.

Während die Befürchtungen hinsichtlich der ökologischen Folgen auf taube Ohren stießen, beunruhigte sich die Marine wegen potenzieller Folgen für das Verteidigungsministerium der USA. Wenn die Kommunikation von Walen und Delfinen beeinträchtigt sein könnte, gälte dasselbe für die bionischen Sonarsysteme der US-Marine. Diese Technologie ahmt Meeresgeräusche, besonders die Laute von Walen, nach, um die Entdeckung durch Feinde zu verhindern.

Auch die Raketen, die von der *Glomar Explorer* am Meeresboden stationiert wurden, könnten betroffen sein und außer Gefecht gesetzt werden. Die hochfrequenten Signale zum Auslösen des Abschusses könnten von driftenden Sedimentwolken absorbiert oder abgelenkt werden.

Im August 1977 teilte David McGilbert, der stellvertretende Verteidigungsminister, einem Senatsausschuss mit, dass sein Ministerium keinen unmittelbaren Bedarf an Mineralen aus der Tiefsee sehe. „Die Marine“, sagte er, „sei nicht begeistert von der Aussicht, langsame und sperrige Tiefseebergbauschiffe auf hoher See verteidigen zu müssen.“

McGilbert betonte, dass die Marine erwarte, dass das Seerecht eingehalten werde. Er stellte ebenso klar, dass Provokationen Dritter die Sperrung wichtiger Meerengen und Wasserstraßen zur Folge haben könnten.

Im Jahr 1977 machte sich George R. Ariyoshi, der Gouverneur von Hawaii, keine Sorgen über ökologische Folgen. Das Projekt würde Arbeitsplätze schaffen und Investitionen anziehen. Dem galt sein einziges Interesse.

In den Worten John Shaws: „Hawaii ist geografisch ideal gelegen und ich war von der Einstellung der für die industrielle Entwicklung verantwortlichen Personen tief beeindruckt."

Das Ministerium für Planungs- und Wirtschaftsentwicklung des Bundesstaats Hawaii verfasste 1977 ein Dokument mit dem Titel *The Feasibility and Potential Impact of Manganese Nodule Processing*.

Gemäß dieser Studie könnten die Knollen auf Lastkähnen in den Hafen von Hilo transportiert und dort als Suspension in eine Pipeline gepumpt werden. Aufbereitungsrückstände würden auf dem gleichen Weg in den Hafen zurückkehren und wieder auf Lastkähne verladen, um sie auf See zu entsorgen. Der Bericht sah keinerlei signifikante Auswirkungen auf die Umwelt voraus, außer im Fall eines Unfalls.

Neben der Untertreibung und Verharmlosung von Folgen für die Meeresumwelt ignorierte der Bericht vollkommen, dass das Raffinieren von Metallen, besonders von Nickel, Unmengen an Energie und Wasser verbraucht und giftige Abgase erzeugt. Ein Besuch in der größten Nickelmine in Sudbury, Kanada, reicht, um sich der Giftigkeit der Nickelraffinerie bewusst zu werden.

Über all das berichtete ich 1977, und während des vergangenen halben Jahrhunderts verwies ich immer wieder auf die anhaltende, drohende Gefahr durch den Tiefseebergbau.

Bisher blieb die Tiefsee dank der hohen Kosten, die mit der großskaligen Entwicklung der Industrie zusammenhängen, militärischen Bedenken und eines wachsenden

Bewusstseins um die Bedrohung, die der Bergbau für die Ökosysteme der Tiefsee darstellen würde, einigermaßen geschützt. Doch die Dinge sind im Begriff sich zu ändern, und das nicht zum Guten.

Seit 2001 hat die Internationale Meeresbodenbehörde (International Seabed Authority, ISA), eine zwischenstaatliche Organisation, die auch für den Tiefseebergbau in Gewässern jenseits nationaler Hoheitsgebiete verantwortlich ist, 31 Erkundungslizenzen an private und staatliche Unternehmen erteilt. Es ist unwahrscheinlich, dass die Behörde Anträge für kommerziellen Bergbau bewilligen wird, bevor der 36 Mitglieder umfassende Rat hinsichtlich der Regeln zu Abbau und Umweltstandards einen Konsens erreicht hat. Die Mitgliedstaaten hatten bis 2025 Zeit, diese Regelungen auszuarbeiten.

Im Vergleich zu 1977 hat sich die Technologie erheblich weiterentwickelt und der Preis der Metalle ist stark gestiegen, was heute sowohl den finanziellen Anreiz als auch die Machbarkeit erhöht.

Die Bergbauindustrie sieht weite Flächen mit Billionen leicht zu bergenden Knollen. Was sie nicht sieht, oder sich weigert zu sehen, ist, dass es sich dabei um lebendige Ökosysteme handelt, die sich über Hunderte Millionen Jahre entwickelt haben. Diese Knollen werden sich nicht erneuern und der Tiefseebergbau wird riesige Ökosysteme zerstören. Die Maschinen werden Schallwellen im hohen Dezibelbereich produzieren, was verheerende Auswirkungen für Organismen haben wird, und der Schlick wird das Leben am Meeresboden der Tiefsee ersticken, und dieses

Leben wird sich nie, oder wenn, dann erst in vielen Hundert Millionen Jahren, davon erholen.

Neben dem Aufsaugen von Knollen fasst die Industrie Möglichkeiten ins Auge, an Hängen von Unterwasservulkanen Cobaltkrusten und tief im benthischen Schlamm verborgene, riesige Sulfideinlagerungen rund um hydrothermale Tiefseequellen abzubauen.

Der Tiefseebergbau wird mehr Verwüstung auf dem Planeten anrichten als die Abholzung des Amazonas-Regenwaldes oder der indonesischen Regenwälder. Aber er wird keine sichtbaren Narben hinterlassen. Die betroffenen Ökosysteme werden im Verborgenen zu riesigen, unsichtbaren Todeszonen werden. Der Einfluss dieser Industrie auf die Atmosphäre und das gesamte ozeanische Ökosystem aber wird erheblich sein.

Wie wird er sich auf die ohnehin schon reduzierten Phytoplanktonpopulationen auswirken, die bis zu 70 % unseres Sauerstoffs produzieren? Wie auf die ohnehin schon reduzierten Populationen von Krill, die Grundlage der marinen Nahrungspyramide? Welchen Einfluss wird der Tiefseebergbau auf das Klima haben, auf Meeresströmungen, auf die Wanderungen und die Überlebensfähigkeit von Meereslebewesen?

Die Bergbauindustrie hat sich zu diesen Fragen nicht geäußert und wird es auch in Zukunft nicht tun, weil jede Antwort sie als Verantwortliche einer globalen Zerstörung enthüllen würde.

Gegenwärtig gibt es schlicht keinen regulatorischen Rahmen für den Bergbau innerhalb oder außerhalb der ausschließlichen Wirtschaftszonen. Territoriale Streitigkeiten zeichnen sich bereits ab. Norwegen und Russland wollen beide den Meeresboden des Nordpolarmeers wirtschaftlich erschließen. China beeilt sich, Möglichkeiten des Bergbaus im Südchinesischen Meer zu prüfen, was Konflikte mit den Philippinen, Vietnam und Japan hervorrufen wird. Dieses Gerangel um Kontrolle findet vor dem Hintergrund von über 100 bereits bestehenden, ungelösten maritimen Konflikten statt.

Und so müssen wir eine neue Gefährdung der Stabilität unseres Lebenserhaltungssystems namens Meer feststellen – in welchem die biologischen Prozesse, die es gesund halten, jetzt schon strapaziert sind durch die zunehmende Versauerung, das Artensterben und die Plastik-, Lärm- und chemische Verschmutzung.

Donald Trump gab der Metals Company grünes Licht, um mit dem Tiefseebergbau zu beginnen, ohne eine Umweltverträglichkeitsprüfung (UVP) zu verlangen.

Es scheint, als ob der Tiefseebergbau bereits vor 2026 in großem Maßstab beginnen könnte. Sollte dies tatsächlich geschehen, könnten die globalen Konsequenzen katastrophal sein.

Der Tiefseebergbau wird im Meer irreparable Schäden verursachen und sich auf die Sauerstoffproduktion und die Sequestrierung von CO_2 auswirken. Er stellt somit auch eine bedeutende Gefahr in Bezug auf den Klimawandel dar.

SCHOCK UND BESTÜRZUNG

DIE KONSEQUENZEN IN ZAHLEN

Gemäß dem deutschen Rückversicherer Munich Re lag der wirtschaftliche Schaden von Naturkatastrophen im Jahr 2023 bei 268 Mrd. US-Dollar. 2024 stieg er auf 320 Mrd. US-Dollar. Die Versicherungsbranche ist der einzige Wirtschaftssektor, der die Klimakrise versteht. Sie sieht die finanziellen Schäden in ihren Geschäftsbüchern und erwartet – in einer Welt, in der Profit und Verlust erstrangig sind – steigende Rückversicherungsleistungen. In Vorbereitung darauf weigern sich gewisse Versicherer, fortan Gebäude in Risikogebieten zu versichern oder verlangen deutlich höhere Prämien. Das betrifft nicht zuletzt Versicherungen, die Schäden durch Feuer, Überschwemmungen und Sturm abdecken.

Naturkatastrophen in Kanada machten das Jahr 2024 zum teuersten in der Geschichte der kanadischen Versicherer. Laut dem Analyseunternehmen CatIQ dürften sich die Kosten auf 8,55 Mrd. kanadische Dollar belaufen und damit den vorherigen Rekord von 6 Mrd. Dollar aus dem Jahr 2016 übertreffen, dem Jahr der Fort-McMurray-Waldbrände.

Im Juli und August, innerhalb von nur zwei Monaten, erlebte Kanada vier Extremwetterereignisse, deren Versicherungsschaden auf über 7 Mrd. kanadische Dollar geschätzt wird.

Dieses Kapitel soll einen flüchtigen Einblick ins Klimachaos des Jahres 2025 geben.

Bis heute, Anfang September, liegen die weltweiten Verluste durch Naturkatastrophen des Jahres 2025 bereits bei über 100 Mrd. US-Dollar – die höchsten Kosten seit 2011, als sie sich auf 140 Mrd. US-Dollar beliefen.

Europa erlitt 2025 die größten je dokumentierten Waldbrände. Australien wurde von einer extremen Dürre und, paradoxerweise, Überschwemmungen gelähmt.

Nachfolgend sind einige der schlimmsten von Hunderten weltweiten Naturkatastrophen zwischen Januar und August aufgeführt. Innerhalb von nur acht Monaten verursachten sie enorme Umwelt- und Sachschäden, führten zu finanziellen Verlusten und forderten Todesopfer. Die USA verzeichneten die größten klimabedingten Schäden: Überschwemmungen und Stürme verwüsteten das Land, während verheerende Waldbrände in Pacific Palisades und San Diego ausbrachen – jenen Orten, für die ich 2015 vorausgesagt hatte, dass sie aufgrund der Kombination aus übermäßiger Trockenheit und den saisonalen, heißen Santa-Ana-Winden von verheerenden Großbränden betroffen sein würden.

JANUAR

Kalifornien: Die verheerendsten Waldbrände in der Geschichte der USA verwüsten Pacific Palisades. 16.000 Wohnhäuser werden zerstört und 440 Menschen verlieren ihr Leben. Gleichzeitig wüten Brände in der Nähe von San Diego. Die Schäden werden auf 53 Mrd. US-Dollar geschätzt.

Nordamerika: Nordamerika erlebt eine extreme Kältewelle.

FEBRUAR

Botswana, Südafrika: Rekordregefälle in Botswana und im Osten von Südafrika fordern 40 Todesopfer und verursachen große Schäden an der Infrastruktur.

Japan: Rekordwaldbrände zerstören 2.900 Hektar Wald und töten einen Menschen.

MÄRZ

Sudan: Eine zweiwöchige extreme Hitzewelle führt zur Schließung von Schulen, nachdem hunderte Kinder mit Hitzschlägen kollabiert sind.

Usbekistan, Kirgistan, Kasachstan: Kasachstan verzeichnet die höchsten Temperaturen seit Beginn der Aufzeichnungen.

Argentinien: Heftige Überschwemmungen und extreme Hitze fordern 18 Menschenleben und verursachen Schäden in Höhe von 400 Mio. US-Dollar.

Südostkorea: Die größten und verheerendsten Waldbrände der Geschichte führen zur Evakuierung von 39.000 Menschen, zerstören 5.000 Gebäude und töten 32 Menschen.

APRIL

Demokratische Republik Kongo: Starke Regenfälle führen in Kinshasa zu Überschwemmungen; 33 Menschen fallen ihnen zum Opfer und es entstehen beträchtliche Schäden.

USA: Katastrophale Überschwemmungen im mittleren Mississippital; Schäden in Höhe von 90 Mrd. US-Dollar und 24 Todesfälle.

Algerien: Ein Hangrutsch tötet fünf Menschen und verletzt 13 weitere.

MAI

Australien: Schlimme Überschwemmungen in der Region New South Wales führen zu 50.000 evakuierten Menschen, 750 Personen, die gerettet werden mussten, und fünf Todesopfern.

Schweiz: 300 Menschen werden evakuiert, bevor ein Gletscher kollabiert und die nachfolgende Überschwemmung das Dorf Blatten zerstört. Todesfälle gab es nicht, der Sachschaden beläuft sich auf 400 Mio. US-Dollar.

Tunesien, Jordanien: Sturzfluten.

Algerien: Das Land wird von sintflutartigen Regenfällen und tödlichen Fluten heimgesucht. Fünf Menschenleben, über 100 Verletzte und zwei zerstörte Brücken sind zu beklagen.

Niger: Beispiellose Sturzfluten entlang des Niger verursachen massive Schäden und fordern etwa 150 Todesopfer, zerstören 265 Wohnhäuser und reißen Brücken fort. 78 Menschen werden hospitalisiert, 50 Schulkinder vermisst.

JUNI

Kanada: Über 200 aktive Waldbrände wüten im Westen und verursachten erhebliche Schäden. Der Rauch dieser Brände breitet sich bis nach Europa aus.

Pakistan: Durch den Klimawandel verstärkte Monsunregenfalle führen zu heftigen Überschwemmungen in städtischen Gebieten und zu schweren Schäden.

Kolumbien, Venezuela: Rekordregenfälle, zerstörerische Überschwemmungen und Erdrutsche.

China: Heftige Überschwemmungen aufgrund von intensiven Regenfällen vertreiben 80.000 Menschen im Südwesten Chinas und töten sechs Menschen. Aufgrund des Taifuns Wutip werden 70.000 Menschen evakuiert.

Island, Grönland: Beispiellose Hitzewelle.

Frankreich: Heftige Stürme fegen über das Land hinweg, fordern zwei Todesopfer und 17 Verletzte und hinterlassen großen Sachschaden.

Südafrika: Überschwemmungen am Ostkap fordern 103 Todesopfer, darunter 40 Kinder.

JULI

Der Sommer der Überschwemmungen

USA: Sintflutartige Regenfälle gehen über dem Süden von Texas nieder und führen zu Überschwemmungen, denen 130 Menschen zum Opfer fallen, unter ihnen 28 Kinder. Gleichzeitig sterben drei Personen in Sturzfluten in New Mexico. Überschwemmungen in Kansas City. Nie dagewesene Hochwassernotlagen im mittleren und südwestlichen Teil der USA.
In North Carolina verursacht der Tropensturm Chantal am Wochenende der Tragödie in Texas ebenfalls heftige Regenfälle und Überschwemmungen.
In Kalifornien brechen 65 Wandbrände aus; San Luis Obispo erlebt den zweitgrößten Waldbrand des Jahres in Kalifornien.

In New York und New Jersey führen starke Regenfälle zu heftigen Überschwemmungen.

AUGUST

Himalaja-Region: Überschwemmungen fordern Hunderte Todesopfer in Bangladesch, Nepal, Indien, China und Pakistan.

Portugal: 1.600 Feuerwehrleute bekämpfen 32 aktive Waldbrände. Die Absage einer Feuerwerkshow wegen der Warnstufe Rot für Nordportugal löst zahlreiche Proteste und Kritik aus.

Irland: Ein Supersturm trifft mit Rekordwindgeschwindigkeiten auf Irland.

Frankreich: Der größte Waldbrand seit 75 Jahren tötet in der Corbière-Region eine Frau und zerstört 2.000 Hektar Grenache- und Syrah-Weinberge. Drei Menschen kommen bei Überschwemmungen im Südwesten Frankreichs ums Leben.

Atlantik: Wirbelsturm Erin intensiviert sich mit einer Geschwindigkeit, die seit Aufzeichnungsbeginn noch nie gemessen wurde.

Philippinen: Heftige Gewitter und Überschwemmungen.

Myanmar, Thailand, Vietnam: Taifun Kajiki fordert zwei Todesopfer in Myanmar, fünf in Thailand und sieben in Vietnam.

HINDERNISSE AUF DEM WEG ZUR VERÄNDERUNG

Die Rohstoffindustrie kontrolliert jeden Aspekt der globalen Gesellschaft. In den Konzernen steckt das Geld und mit diesem Geld beherrschen sie sowohl Politik als auch Mainstreammedien; die Kontrolle beruht darauf, dass sie Politiker*innen und Medienunternehmen im wahrsten Sinne des Wortes besitzen. Das Problem für Umweltschützer*innen und Klimaaktivist*innen sind nicht nur die Verbreitung von Falschinformationen und die Verzerrung von Tatsachen, sondern vor allem auch die Abwesenheit umfassender Berichterstattung – das absichtliche und strategische Weglassen bestimmter Themen.

Wir hören oft von Naturkatastrophen, aber sehr wenig davon, was sie auslöst. Auch über Morde an Umweltschützer*innen, besonders indigenen Aktivist*innen, wird kaum berichtet. Zwischen 2000 und 2013 wurden gemäß offiziellen Berichten über 2.000 Umweltschützer*innen ermordet; die tatsächliche Zahl liegt sehr wahrscheinlich höher. Unheilvollerweise nimmt die Zahl dieser Verbrechen zu und die Mörder bleiben meist völlig ungestraft, die öffentlichen Medien berichten wenig bis kaum darüber.

Unter den Ermordeten sind Fischereibeobachter*innen, Wildhüter*innen, Anwälte und Anwältinnen, Gesetzgeber*innen, Gewerkschaftler*innen, Umweltschützer*innen, Ökologen und Ökologinnen, Anführer*innen indigener Völker und Aktivist*innen. Die Morde werden in den kommenden Jahren weiter zunehmen, genauso wie die Zahl an Aktivist*innen, die kriminalisiert, inhaftiert, gekidnappt, verprügelt und bedroht werden.

Im Juli 2025 nahm Interpol meinen Namen von der Fahndungs- oder „Roten" Liste, auf der ich seit September 2012 geführt wurde. Es dauerte 13 Jahre, bis Interpol beschloss, mich von der Liste zu streichen, da die Anschuldigungen vonseiten Japans gegen mich – wegen meiner Störung ihrer illegalen Walfangtätigkeiten – politisch motiviert sind. Ich hatte diese Motivation von Anfang an hervorgehoben und doch wurde die Ausschreibung zur Fahndung erst zurückgezogen, nachdem ich zweimal verhaftet und inhaftiert worden war, eine Kaution von 250.000 Euro hinterlegt hatte und ins Exil gezwungen worden war. Mein Leben geriet während der über ein Dutzend Jahre ernsthaft durcheinander und schlussendlich war ich zwar rehabilitiert, aber zu einem hohen Preis.

Während sich Ressourcen verringern und die Nachfrage nach ihnen steigt, werden sich Regierungen zunehmend gezwungen sehen, Widerstand gegen die Ausbeutung zu unterdrücken. Die Politiker*innen spielen das Spiel jener, die sie bezahlen.

Je stärker die Temperaturen steigen, desto stärker wird auch die Gewalt zunehmen gegen diejenigen, die es wagen, ihre Stimme gegen den Klimawandel zu erheben und aktiv dagegen vorzugehen.

Für Umweltschützer*innen, vor allem indigene Aktivist*innen, sind die Folgen des Klimawandels äußerst real, schmerzhaft und unmittelbar.

Indigene Völker erleben sie an vorderster Front. Sie sterben in Amazonien und Zentralamerika, in Europa werden sie verprügelt, verfolgt und eingesperrt.

Eine immer häufiger durch große Unternehmen und Regierungen angewandte Taktik ist die Kriminalisierung jeder Art von Opposition mithilfe von Gerichtsbeschlüssen und begleitenden Medienkampanien, die Aktivist*innen als Ökoterrorist*innen verteufeln.

Auch ich fiel ihr zum Opfer, als die japanische Regierung mich als extrem gefährlichen Ökoterroristen bezeichnete und der Verschwörung zum Entern eines Walfangschiffs bezichtigte. Ich landete in der Folge auf der „Roten Liste“ von Interpol, wodurch meine Bewegungsfreiheit außerhalb der USA und Frankreichs eingeschränkt wurde.

Mir gelang es trotzdem, die japanische Walfangflotte daran zu hindern, weiter illegal Wale innerhalb des Walschutzgebiets im Südlichen Ozean zu massakrieren.

Im Laufe der letzten Jahre fügte die britische Polizei Sea Shepherd, Greenpeace, Extinction Rebellion und andere gewaltfreie Gruppierungen, die gegen keine Gesetze verstoßen, zu ihrer Antiterror-Beobachtungsliste hinzu, wo sie nun neben rechtsextremen weißen Gruppierungen, Anti-Völkermord-Aktivist*innen und Anhänger*innen des Dschihads stehen.

Wenn die Medien ihr Schweigen brechen und über Tätigkeiten von Aktivist*innen berichtet, zeigt sich oft eine eindeutige Voreingenommenheit. Wörter wie „Extremisten", „militant", „fanatisch" und „schlecht informiert" tauchen neben dem beleidigenden und anklagenden Ökoterroristenlabel häufig auf. Oft werden auch Zitate verzerrt, um im öffentlichen Bewusstsein ein negatives Vorurteil zu schüren. Kommentare von mir wurden häufig aus dem Zusammenhang gerissen oder absichtlich fehlgedeutet. Beispielsweise habe ich einmal einer Gruppe von kanadischen Fallenstellern gesagt, dass es Konsequenzen haben würde, wenn sie glaubten, die Gesetze der Natur ignorieren zu können. Im staatlichen Fernsehsender CBC wurde berichtet, ich hätte gesagt, dass es Folgen haben würde, wenn sie dächten, sie könnten ignorieren, was ich sage. Man kann sich nicht auf die Unparteilichkeit von Medien verlassen, die im Besitz sind von Unternehmen, welche an der Rohstoffgewinnung oder anderen umweltschädlichen Aktivitäten beteiligt sind.

Es gibt immer mehr einflussreiche PR-Agenturen, die kontinuierlich umweltfeindliche Propaganda verbreiten. In einigen Fällen wie in der kanadischen Provinz British Columbia war eine einzelne PR-Agentur – hier war es Burston Marsteller – für Kunden aus Regierung, Wirtschaft und Medien aktiv und ermöglichte es ihnen, ein wirkungsvolles Programm zur Beeinflussung der öffentlichen Meinung zu koordinieren. Für sie ist die Wahrheit nichts weiter als eine Frage der Perspektive. Fakten sind für sie irrelevant. Entscheidend ist, was die Öffentlichkeit als Tatsachen zu akzeptieren bereit ist. Geld kann Macht und Kontrolle erkaufen und die Konzerne der fossilen Brennstoffindustrie verfügen über enormen Reichtum. Dieser erlaubt ihnen, abweichende Meinungen zu unterdrücken, indem sie die Wahrheit leugnen oder verzerren.

„Der Klimawandel ist ein Schwindel, den die Chinesen erfunden haben." (DONALD TRUMP)

In den USA braucht man Geld, um sich in den Kongress oder zum Präsidenten wählen zu lassen – sehr viel Geld. Es kann auf dreierlei Arten beschafft werden. Die erste ist die populäre Herangehensweise, jene von Bernie Sanders, die darin besteht, von Millionen von Menschen kleine Spenden einzusammeln. Die zweite besteht darin, sich die Unterstützung großer Unternehmen zu sichern, beispielsweise aus der fossilen Brennstoff-, Tech- oder Pharmaindustrie, die Hunderte Millionen Dollar in den Wahlkampf pumpen, im Gegenzug aber Gefälligkeiten erwarten. Die dritte ist verbunden mit dem Aufstieg einer Klasse von Milliardären, die sich eigenständig Macht erkaufen kann – zu ihnen gehören Donald Trump, Jeff Bezos oder Elon Musk – und die nur um ihre eigenen Interessen und die ihrer Freunde besorgt sind.

Diese Tendenz war beispielsweise auch bei den jüngsten Wahlen in Australien und Großbritannien zu beobachten: Anstelle von Regierungen, die die Bevölkerung vertreten, sind sie zu Regierungen von Konzernen für Konzerne geworden.

Vor ein paar Jahren publizierte die Princeton University ein Positionspapier, das darlegte, dass die USA keine Demokratie mehr sind, sondern eine Oligarchie.

Im Allgemeinen fügen wir, das Volk, uns der herrschenden Macht, sei es aus Angst oder aus einem Gefühl der Machtlosigkeit, und viele flüchten sich in Unwissenheit und Gleichgültigkeit. In dieser neuen Ordnung sind wir, das Volk, nur dazu gut, Ressourcen zu konsumieren und Steuern zu zahlen. Wir sind nicht länger Bürger, sondern Schafe, und Steuern sind die Art, wie wir geschoren werden. Regierungen und die Konzerne, die sie kontrollieren, verlangen Gehorsam, Fügsamkeit und Unwissenheit. Im Tausch gegen ein falsches Gefühl von Sicherheit, materielle Bequemlichkeiten und Unterhaltung erhält das Volk der Schafe alle paar Jahre die Möglichkeit, aus einer beschränkten Auswahl an Kandidaten Repräsentanten zu wählen, um die Illusion aufrechtzuerhalten, dass es mitbestimmen kann, und es keinerlei Bedarf gibt, aufzuschauen und die Wirklichkeit zu erkennen.

Glücklicherweise gibt es in jeder Herde ein paar schwarze Schafe, die sich weigern, sich zu fügen, die Autorität hinterfragen und bereit sind, den Status quo anzufechten. Das sind die Störenfriede, die mit ihrem Stift, ihrer Kamera, mit ihren Erfahrungen und ihren Körpern protestieren. Sie sind die gleiche Art Mensch wie jene, die einst die Sklavenbefreiung anführten, das Frauenwahlrecht erkämpften und für Bürgerrechte eintraten. Heute stellen sie sich gegen Kriege und treten für die Rechte von Tieren und Natur ein. Sie sind die unter den Schafen, die aufschauen.

DIE POLITIK DES AUSSTERBENS

Unter den Staats- und Regierungschefs und -chefinnen des Raumschiffs Erde ist Trump derjenige, der seine Skepsis gegenüber dem Klimawandel am offensten zum Ausdruck bringt, aber ihn in diesem Bereich zu bekämpfen ist verschwendete Zeit und außerdem kontraproduktiv.

Es hat keinen Sinn, sich über ihn und seine Haltung zum Klimawandel aufzuregen, denn er spielt bei der Suche nach einer Lösung keine Rolle.

Es entspricht weder seinen politischen Interessen, noch steht es auf seiner Agenda, seine Meinung zu ändern. Er wird also weiterhin den Klimawandel leugnen – trotz aller wissenschaftlichen Beweise, dass er falsch liegt.

Der Klimawandel ist eine wissenschaftliche Tatsache und das Leugnen seiner Existenz lässt die Gefahr, die er darstellt, nicht verschwinden. Die persönlichen Überzeugungen des Präsidenten der Vereinigten Staaten können die Wahrheit nicht verändern. Ebenso wenig wie der Befehl des Königs Knut des Großen der Legende nach vermochte, die Flut zu stoppen. Angesichts seines Scheiterns verkündete er: „Mögen alle erkennen, wie leer und wertlos die Macht der Könige ist."

Präsidenten wie auch Könige haben keinerlei Macht über die Natur.

Außerdem – wenn man mal darüber nachdenkt: Was genau ist der Unterschied zwischen einem Präsidenten, der den Klimawandel leugnet, und einem Premierminister, der ihn zwar anerkennt, aber handelt, als leugne er ihn?

Es ist selbstverständlich „politisch korrekt", den Klimawandel als Realität anzuerkennen, aber keine*r unserer Machthaber*innen tut auch das „ökologisch Korrekte" und unternimmt etwas gegen ihn.

Im Mai 2025 zitierte die *Calgary Sun* folgende Äußerung von Mark Carney, dem Premierminister Kanadas: „Wir werden Projekte von nationalem Interesse entschlossen vorantreiben, um die Energiesicherheit Kanadas zu gewährleisten, unseren Handel zu diversifizieren und unsere langfristige Wettbewerbsfähigkeit zu stärken – und das alles unter gleichzeitiger Reduktion der Emissionen."

Mit anderen Worten: erhöhte Produktion, Abbau von ökologischen Restriktionen, aggressives Marketing und, einfach zum Schein, nichtssagende Anspielungen auf verringerte Emissionen.

Während des Zweiten Weltkriegs näherte sich William Lyon Mackenzie King, der damalige kanadische Ministerpräsident, der Frage der Wehrpflicht bei einer der Wehrpflicht abgeneigten Nation mithilfe folgenden Ausdrucks an: „Nicht notwendigerweise eine Wehrpflicht, aber eine Wehrpflicht, falls es notwendig wird.“ Zuvor hatte er versprochen, dass es keine Wehrpflicht geben werde. Im Jahr 1944 aber verabschiedete seine Regierung ein Gesetz zur Wehrpflicht, was zu Unruhen in den Straßen von Montreal und Québec führte. Durch Verwirrung und Falschinformation setzte die Regierung den Willen ihres Premierministers durch.

Heute bedeutet die Erklärung Carneys im Grunde genommen „nicht notwendigerweise Emissionen, aber Emissionen, falls sie notwendig werden“.

Die politische und wirtschaftliche Realität ist, dass Emissionen immer „notwendig“ sein werden in einer Welt, in der das wirtschaftliche Wachstum an erster Stelle steht.

Greenpeace, der Sierra Club und andere sagen, dass Trumps Präsidentschaft eine direkte und reelle Gefahr für Klima und Umwelt darstelle.

Inwiefern unterscheidet sich Präsident Trump vom kanadischen Premierminister Carney, dem australischen Premierminister Anthony Albanese oder allen anderen Machthaber*innen?

Es gibt diesen Mythos, wonach Carney Maßnahmen gegen den Klimawandel ergreife. Das ist nicht der Fall. Seine Energiepolitik unterscheidet sich nicht groß von derjenigen seines Vorgängers Justin Trudeau oder des konservativen Premierministers Stephen Harper. Carney hat den Abbau von Teersanden nicht beendet, er ist Pipelines ebenso wohlgesinnt wie Tankschiffverkehr vor der Westküste und wie so ziemlich allem anderen, von dem die Energieindustrie profitiert.

Auf der COP21 im Jahr 2015 sagte der damalige Premierminister Trudeau, dass er konkrete Maßnahmen gegen den Klimawandel ergreifen werde … irgendwann … vielleicht. Oder auch nicht.

Er unternahm nichts.

Bevor er Premierminister wurde, war Carney Sondergesandter der Vereinten Nationen für Klimaschutz und Finanzen und der Initiator der von der UNO einberufenen Net Zero Banking Alliance. Wir hatten also Grund zur Annahme, dass er Klimamaßnahmen priorisieren würde, wenn er die Wahl gewann. Heute aber beschreibt er Infrastruktur für fossile Energieträger als „pragmatisch". Er war auch sehr zurückhaltend, die heftigen Waldbrände im Westen Kanadas mit dem Klimawandel in Verbindung zu bringen.

Was taten die USA unter Barack Obama? Trump wird die Bemühungen von Obama, George W. Bush und Bill Clinton nicht gefährden. Er müsste sich anstrengen, um weniger zu leisten als sie.

Ich erinnere mich lebhaft daran, dass es Al Gore war, der sich weigerte, das Kyoto-Protokoll zu unterzeichnen, und auch, wie die Menschen in Kanada und Australien die Amerikaner scharf dafür kritisierten, obwohl Kanada und Australien damals mehr Treibhausgasemissionen pro Kopf verzeichneten als Amerika – was auch heute noch so ist.

Scheinbar ist das Unterzeichen eines Klimaabkommens wichtiger als das Angehen des Problems, und das

Anerkennen des Problems, ohne etwas zu seiner Bewältigung zu unternehmen, bedeutsamer als das Leugnen und ebenso wenig tun.

Viele Leute verschwenden heute ihre Energie damit, Trump in dieser Thematik die Stirn zu bieten, was Regierungschefs wie Carney in Kanada oder Keir Starmer in Großbritannien im Vergleich in einem relativ günstigen Licht erscheinen lässt, obwohl sie in Wahrheit kaum mehr tun als Trump.

Wir Menschen lieben unsere Illusionen und das macht uns leicht beeinflussbar und manipulierbar.

Trump in der Klimafrage zu bekämpfen, sendet nur die Botschaft an alle, die ihn gewählt haben, dass er ihr Mann ist. Dass er den Demokraten, Grünen und Linken ein Dorn im Auge ist, macht ihn nur beliebter bei seinen Anhängern. Sie wollen ihn als klimawandelskeptischen Helden sehen.

Am besten ist es, ihn zu ignorieren, denn Klimawandelskeptiker werden nichts zur Lösung des Problems beitragen. Fordern wir sie heraus, geben wir ihnen Bedeutung und eine Bühne, und sie werden dadurch ernster genommen.

Trump ist nicht wirklich dumm (was freilich umstritten ist), obwohl er die Rolle ausgezeichnet spielt. Er weiß sehr wohl, dass der Klimawandel real ist, aber er liefert seinen Anhängern, was sie hören wollen. Ihn in diesem Thema anzugreifen, hilft ihm, diese Nachricht nur noch deutlicher zu senden.

Im Sommer 2025 publizierten 86 Klimawissenschaftler*innen eine 400-seitige Antwort auf einen Bericht des US-Energieministeriums, der versuchte aufzuzeigen, dass die globale Erderwärmung keine Priorität darstelle, um Präsident Trumps Aussage zu untermauern, dass der Klimawandel ein Schwindel sei.

Der US-Energieminister Christopher Wright stützte seinen Bericht auf nur fünf Forschende, die ihre gesamten Karrieren darauf aufgebaut haben, den Klimawandel zu leugnen – im Grunde Auftragswissenschaftler.

Diese fünf „Wissenschaftler*innen“ folgerten, dass die „von CO_2 ausgelöste Erwärmung wirtschaftlich weniger schädlich sein könnte, als gemeinhin angenommen“.

Gleich im Anschluss verkündete Lee Zeldin, der kurz zuvor zum Leiter der US-Umweltschutzbehörde ernannt worden war, sein Ziel sei, „einen Dolch ins Herz der Klimawandelreligion“ zu rammen. Sich auf diesen Bericht stützend machte sich Zeldin daran, die „Gefährdungsfeststellung“ aufzuheben, eine Anordnung, auf die sich die Behörde zuvor gestützt hatte, um Treibhausgasemissionen zu regulieren.

Die 86 Klimawissenschaftler*innen hatten keinerlei Mühe, die Absurditäten im Regierungsbericht zu widerlegen, aber Trump hatte, was er wollte: Eine Handvoll von „Experten“, die ihm halfen, die Maßnahmen zu rechtfertigen, mit denen er der Klimaforschung, die er als schädlich fürs Geschäft ansieht, ein Ende bereiten wollte.

Die einst respektierte amerikanische wissenschaftliche Gemeinschaft wird heute regelmäßig durch Interessengruppen systematisch diskreditiert. Forschungsgelder werden gestrichen, Satelliten abgekoppelt und Berichte aus politischen Gründen und zur Erfüllung der Anforderungen bestimmter Industriezweige oder politischer Ideologien gefälscht.

Die Wahrheit aber kann nicht zum Schweigen gebracht werden. Die Pandemien, Waldbrände, Überschwemmungen, Dürren, Stürme und der Anstieg des Meeresspiegels sprechen für sich und dafür, dass Leugnen des Klimawandels katastrophale Folgen haben wird.

Trump ist kein Wissenschaftler und braucht sich deshalb auch nicht bei ihnen beliebt zu machen. Er ist ein populistischer Politiker, der seine Anhänger*innen umwirbt und weiß, dass sie hören wollen, dass der Klimawandel ein Schwindel sei. Und wie es eben seine Art ist, setzte er noch eins drauf und behauptete, China habe den Klimawandel erfunden; eine primitive und irreführende Bemerkung.

Glaubt er das wirklich? Nein, natürlich nicht, aber er will seine Anhängerschaft davon überzeugen, dass er es tut. Man nennt das Politik, auch bekannt als „die Kunst des Möglichen".

Wie George Orwell in *1984* mit Scharfsinn erklärte: „Unter dem Regime des großen Bruders ist Unwissenheit Stärke."

Was Trump und seine klimawandelskeptische Wählerschaft nicht werden ignorieren können, sind die immer heftigeren Ohrfeigen, die Mutter Natur ihnen verpassen wird. Sie werden Superstürme, Überschwemmungen, Dürren, den Meeresspiegelanstieg, zerstörerische Waldbrände und so weiter nicht für immer ignorieren können und irgendwann wird die Erkenntnis, dass etwas nicht so ganz stimmt, in ihre harten Schädel sickern und den Ort erreichen, der Konsequenzen verstehen kann.

Zu versuchen, einen Politiker, egal, von welcher Partei, zu überzeugen, von seiner Energieabhängigkeit loszukommen, ist etwa so, als versuche man, einen Rauschgiftsüchtigen zu überzeugen, Drogen aufzugeben.

Greenpeace bezeichnet Trump als eine echte und direkte Gefahr für unser Klima, unsere Umwelt und unsere Demokratie. Aber ist er das? Die Bedrohungen für unser Klima, unsere Umwelt und unsere Demokratie sind seit Jahrzehnten dieselben, lange vor Trump. Er sprang nicht plötzlich aus dem Busch, um uns mit diesen Gefahren Angst zu machen. Wurden die indigenen Menschen bei Standing Rock wegen Trump mit Pfefferspray angegriffen und verprügelt? Geschah die Deep-Water-Horizon-Katastrophe wegen Trump? Und was könnte eine größere Gefahr für unsere Umwelt darstellen als das Unglück im Golf von Mexiko und die Tatsache, dass BP nie wirklich dafür bestraft wurde? Würde ich absichtlich ein Barrel Öl in einen Hafen kippen, würde ich im Gefängnis landen. Diese Doppelmoral ist nicht Trumps Erfindung.

Ich glaube, die Oligarchen würden nichts lieber tun, als Trump zum Sündenbock für ihre Vergehen zu machen. Alles in allem ist er in ihren Augen ein wandelndes Pulverfass. Sie würden ihn viel lieber ersetzen und werden es wahrscheinlich auch tun. Es gibt immer einen Plan, um den Status quo aufrechtzuerhalten.

Die ermüdenden Besprechungen der COPs erreichen außer Gerede nichts. Wir sind inzwischen bei COP30 angelangt. Kaum jemand hörte etwas von der COP29 in Aserbaidschan, der das Charisma und die Energie etwa von Nicolas Hulot fehlte, der die COP21 in Paris organisiert hatte.

Wie viele COPs wird es brauchen, bis konkrete Maßnahmen getroffen werden? Müssen wir bis COP33 warten? Oder bis COP57? Diese Scharaden sind nichts weiter als Ausflüchte, um sich vor dem eigentlichen Handeln zu drücken, ein jährlicher Zirkus der Selbstdarstellung und leerer Versprechungen.

Keine COP hat je ein Kohlekraftwerk oder eine Pipeline außer Betrieb genommen. Keine einzige.

Das Einzige, was Regierung zu erheitern scheint, ist die Möglichkeit, Steuern zu erheben. Politiker lieben Steuern und CO_2-Steuern sind bloß eine weitere Masche, um an Steuergelder zu kommen. Und der CO_2-Handel ist noch so eine Gaunerei.

Es gibt kein Land, das konkrete und wirksame Maßnahmen gegen den Klimawandel ergreift.

Gibt es jemanden, der Fracking, Rohstoffabbau oder Ölbohrungen beendet, Tiefseeerkundungen stoppt? Nein.

Streicht auch nur eine Nation ihre Subventionen für Energieunternehmen oder die zerstörerische industrielle Fischerei? Nein.

Werden wir damit aufhören, jährlich 65 Mrd. Tiere zu schlachten, um den CO_2-Fußabdruck eines Sektors zu reduzieren, der größer ist als jener des Transport- und Verkehrswesens? Bloß nicht. „Ich liebe Hamburger zu sehr", ist die Antwort.

Gibt es auch nur eine*n Staats- oder Regierungschef*in, welche*r bereit ist, für die Umwelt wirtschaftliche Opfer zu erbringen? Auf keinen Fall.

Ich höre schon die Kritiker*innen einwenden: „Oh, aber es sind großartige Bildungsprogramme im Gange."

Und, läuft's gut? Nicht so wirklich?

Nun möchten einige Leute, dass wir unsere Energie damit verschwenden, Trump, den Klimawandelskeptiker, zu bekämpfen, als ob das etwas bewirken würde. Die Mühe ist vergeblich. Wann werden wir damit aufhören, auf diesen Zirkus zu reagieren, und uns stattdessen aufs Handeln konzentrieren?

Mein Punkt ist, dass Trump kein bisschen schlechter oder besser ist als all die andern Machthaber, deren Agenda hauptsächlich darin besteht, Großunternehmen zu dienen und sich selbst zu bereichern. Er wird nicht viel tun, aber wahrscheinlich etwa genauso viel wie andere Regierungschefs und -chefinnen.

Der Skandal um die Dakota Access Pipeline ereignete sich während Obamas Amtsperiode. Hätte Kamala Harris sie gestoppt, wenn sie gewählt worden wäre? Hätte sie etwas gegen den Klimawandel unternommen? Aus Erfahrung können wir annehmen, dass auch sie alles darangesetzt hätte, am Status quo festzuhalten, der uns all diese Probleme beschert hat und in Zukunft noch größere bescheren wird.

Ich habe Trump nicht gewählt und kenne keine vernünftige Person, die das getan hat, aber ich werde dennoch nicht so tun, als ob jemand anderes in Bezug auf den Klimawandel mehr tun würde. Ich verstehe, dass man sich in Sachen Frauenrechte, Rechte der LGBT+-Community, Einwanderungsfragen, wegen seiner Unterstützung des Genozids in Gaza und vielen weiteren wichtigen gesellschaftlichen Themen gegen Trump zur Wehr setzt und ich werde jedes dieser Bemühen mit Leidenschaft und Entschlossenheit unterstützen, *aber* ich habe nicht die Absicht, Trump in Sachen Klimawandel zu bekämpfen, denn das lenkt nur von der Tatsache ab, dass kein*e einzige*r Machthaber*in etwas gegen das Problem unternimmt, und ich möchte nicht dazu beitragen, dass sie im Gegensatz zu Trump gut dastehen.

In Bezug auf dieses Thema ist Trump auf Augenhöhe mit allen anderen Staatsoberhäuptern, was bedeutet, dass sie alle Absichten verfolgen, die mit der Realität des Klimawandels unvereinbar sind.

Wo also finden wir Lösungen?

In der persönlichen Leidenschaft, in unserem individuellen Vorstellungsvermögen, in Initiativen von Einzelpersonen, im Mut von Individuen. Sie sind die Schlüssel zu unserem Überleben.

Zur Lösung dieses Problems auf Politiker zu zählen ist, als ob man sich auf den Manager einer Ölfirma verlassen würde, um Sonnenenergie zu fördern. Es ist schlichtweg nicht in ihrem Interesse. Oder wie es James Carville, ein Berater von Bill Clinton, einst ausdrückte: „Es geht um die Wirtschaft, Dummkopf!“

So sieht die Realität aus. Politiker dienen der Wirtschaft. Sie stehen nicht im Dienst der Umwelt.

Es ist, als bäte man eine*n Kindergärtner*in, Integralrechnung zu unterrichten. Sie werden es nicht tun, weil sie es nicht tun können. Es gehört nicht zu ihren Aufgaben.

Wir müssen über den begrenzten Horizont gewählter Vertreter*innen hinausschauen, denn die Lösungen liegen jenseits ihrer engstirnigen und vereinfachenden Sicht auf die Welt.

Um Matthäus zu paraphrasieren (Matthäus 22:21): „Dann gebt dem Donald, was dem Donald gehört."

Der Klimawandel ist nicht sein Problem und er wird es auch nie sein. Es ist unser Anliegen; dasjenige jener, die seine Folgen verstehen. Und es obliegt daher uns, Alternativen zu erforschen und zu entwickeln und gegen die schädlichen Technologien vorzugehen – nicht gegen ihre hochbezahlten Sprachrohre.

Das sechste Massensterben ist in vollem Gange

Wie viele abwegige Tornados braucht es noch,
wie viele Orkane der Kategorie 5,
wie viele unkontrollierbare Waldbrände,
wie viele Rekordüberschwemmungen,
wie viele Arten müssen sterben,
wie viele Menschenleben müssen wir verlieren,
bevor die klimaskeptischen, engstirnigen Politiker es endlich kapieren?
Die Zeit zu handeln war gestern.
Unser Ozean liegt im Sterben.
Phytoplanktonpopulationen gehen zurück.
Wälder werden abgeholzt.

Der Permafrost schmilzt.
Die Krise ist in vollem Gange
und sie ist wichtiger als die Wirtschaft,
wichtiger als Arbeitsstellen,
wichtiger als Games of Thrones.
Die Arroganz der Gegenwart ist im Begriff,
die Zukunft auszulöschen.
Und irgendwann, bald, gibt es kein Zurück mehr,
keine Abhilfe, keine Lösung.

Die Technologie wird uns nicht retten.

Unsere imaginären Freunde im Himmel werden uns nicht retten.

Die Zeit zum Handeln ist *jetzt*, sonst wird es keine Möglichkeit zum Handeln mehr geben.

Es bliebe nichts außer einem Massensterben.

Das Ende der Zivilisation und das Ende der Menschheit.

„Die Erwachsenen sagen immer wieder: ‚Wir schulden es den jungen Leuten, ihnen Hoffnung zu geben.' Aber ich will eure Hoffnung nicht. Ich will nicht, dass ihr hoffnungsvoll seid. Ich will, dass ihr in Panik geratet. Ich will, dass ihr die Angst fühlt, die ich jeden Tag fühle. Und dann will ich, dass ihr handelt. Ich will, dass ihr so handelt, wie ihr es in einer Krise tun würdet. Ich will, dass ihr so handelt, als stünde unser Haus in Flammen. Denn das tut es."

GRETA THUNBERG, *No one is too small to make a difference*

DIE ÖKONOMIE DES AUSSTERBENS

Zwei Millionen US-Dollar für einen Fisch. Warum? Weil er stark gefährdet ist und Rarität plus Nachfrage zu immer höheren Preisen führt.

Ich frage mich, für wie viel der letzte Blauflossen-Thunfisch verkauft werden wird. 5 Mio. US-Dollar? 10 Mio.? Möglicherweise 100 Mio. US-Dollar für das „Recht", den letzten Überlebenden zu konsumieren?

Ein weiteres Beispiel für den Wahnsinn der Menschheit.

Es gibt beinahe 8 Mrd. fleisch- und fischessende menschliche Primaten, die unersetzliche und sich verringernde Ressourcen dieses Planeten konsumieren und anderen Arten vorenthalten.

Was die Verfügbarkeit von Ressourcen betrifft, läge die Grenze der Tragfähigkeit der Erde für Menschen – die garantiert, dass wir andere Arten nicht reduzieren – bei 1,5 bis 2 Mrd. Personen. Weit unter der heutigen Weltbevölkerung.

Man bezeichnete mich als Misanthropen, weil ich immer wieder sagte, dass unsere Art die Systeme zerstört, die unser Überleben gewährleisten. Unser Verhalten gleicht dem eines tödlichen Virus, denn wir schwächen das Immunsystem des Planeten und belasten gleichzeitig die Ökosysteme mit toxischen Chemikalien, Strahlung und Plastik.

Menschen sehen sich gerne als Engel, die nach dem Ebenbild eines menschenähnlichen Gottes geschaffen wurden. Doch sollte dem so sein, wären wir psychopathische Mörderengel ohne jedes Einfühlungsvermögen, versessen auf Krieg und Zerstörung und fest entschlossen, alles zu plündern, dem wir begegnen. Wir vergiften fast alles, was wir berühren, und finden Rechtfertigungen für jede grausame Tat, jeden verschuldeten Tod, jedes Ökosystem, das wir zerstören; wir bringen die Harmonie und das Gleichgewicht durcheinander. Und wofür das alles?

Die Antwort entzieht sich uns, denn uns fehlt der Weitblick, um die Konsequenzen unseres Handelns zu sehen. Die meisten von uns kennen die Natur- und Menschengeschichte nicht gut genug, um die Schäden zu verstehen, die wir angerichtet haben und die wir dem Planeten auch weiterhin zufügen, indem wir immer wieder dieselben Fehler wiederholen.

Wir lassen uns durchs Leben treiben, essen, pflanzen uns fort, amüsieren uns auf Kosten anderer, ohne je die

Beziehungen zu verstehen, die uns eng mit ihnen verknüpfen. Es ist uns völlig egal.

Aber hey, die Börse ist im Aufwind, gerade ist eine neue Serie auf Netflix erschienen und wir haben über einem weit entfernten Ort im Ausland ein paar Hundert Bomben abgeworfen; was kümmert es uns also …

DIE UNWAHRSCHEINLICHKEIT EINER POLITISCHEN LÖSUNG

Am 29. September 2015 sprach der Gouverneur der Bank of England öffentlich auf einem von Lloyd's of London organisierten Kongress. Er sprach dabei über die Gefahr, die der Klimawandel für die Versicherungsbranche darstellt. Die Rede und das Thema waren ernst und er erklärte, dass „der Großteil der Reserven [an fossilen Brennstoffen]" Stranded Assets seien, die „ohne kostspielige Technologien zur Kohlenstoffabscheidung nicht verbrannt werden können, was wiederum Auswirkungen auf die Wirtschaftlichkeit fossiler Brennstoffe hat".

Ein Jahrzehnt später, als Waldbrände im Westen Kanadas loderten, gab Mark Carney, inzwischen Premierminister von Kanada, mittels weitreichender Befugnisse unter dem Gesetzesentwurf C-5 grünes Licht für eine neue, unnötige Ölpipeline – und widersprach dabei allem, was er zehn Jahre zuvor gesagt hatte.

„Angesichts des Ausmaßes der sich bietenden wirtschaftlichen Gelegenheit, der Ressourcen, über die wir verfügen, und unserer Expertise glaube ich, dass es sehr wahrscheinlich ist, dass eine neue Ölpipeline Teil eines der Projekte von nationalem Interesse sein wird", erklärte er vor einem Publikum in Calgary. Bei einem Treffen von Premierminister*innen wiederholte Carney die leeren Phrasen der Industrie und ging sogar so weit, von der mythischen Substanz namens „dekarbonisiertes Öl" zu sprechen.

Was geschah mit Carney, dem beunruhigten Umweltschützer? Die Antwort liegt auf der Hand: Genau wie Justin Trudeau und so viele andere vor ihm – wurde er Premierminister.

Was geschieht, wenn man Premierminister wird? Führungskräfte der Ölbranche setzen sich mit einem zusammen, erklären einem die ökonomischen Realitäten und machen einem klar, dass man von einer Verringerung der Produktion fossiler Brennstoffe zu ihrer Steigerung übergehen muss.

Natürlich rechtfertigte Carney, wie alle Politiker, seine Gesinnungsänderung. „Ich bin pragmatisch", erklärte er am Abend, an dem er die Führung der regierenden Liberalen Partei übernahm. „Das bedeutet, dass ich Dinge, die nicht funktionieren, ändere." Seine erste Amtshandlung bestand darin, die CO_2-Abgabe für Verbraucher abzuschaffen – ein Konzept, für das er sich zuvor als Ökonom eingesetzt hatte.

Pragmatiker: eine Person, die sich mehr von praktischen Überlegungen als von Idealen leiten lässt

Das Problem mit Carneys Argumentation ist, dass der Klimawandel real ist und einer praktischen, wissenschaftsbasierten Lösung bedarf. Idealismus ist der Glaube daran, dass die Politik und die Ölkonzerne das Problem lösen werden. Er sandte der Erdölindustrie und ihrer mächtigen Lobby ein klares Signal: Er steht ihnen zu Diensten. Lebt wohl, Prinzipien, und willkommen, Opportunismus.

2021 veröffentlichte Carney sein Buch *Value(s)* über die Unfähigkeit der Wirtschaft, das Klimaproblem zu lösen. Sein neues Buch, *The Hinge: time to build an even better Canada*, widerspricht den Ideen, die er nur wenige Jahre zuvor in *Value(s)* dargelegt hat.

2015 bestand Carney noch auf der Notwendigkeit, dass Regierungen und Gesetzgeber die fossile Brennstoffindustrie hinterfragen und die Kohlenstoffproduktion einschränken, um ökologische Konsequenzen abzuwenden, die die Ernährungs- und Wassersicherheit gefährden und politische Systeme destabilisieren könnten.

„Die Notwendigkeit, die Klimaerwärmung auf 2 °C über vorindustriellen Werten zu beschränken, führt zum Begriff eines „Kohlenstoffbudgets", einer Einschätzung zur Höhe der Emissionen, die sich die Welt ‚leisten' kann. Ein solches Budget", so Carney, „unterstreicht die Folgen, die die heutige Untätigkeit für das Ausmaß der morgen erforderlichen Maßnahmen hat. Diese Maßnahmen werden von Entscheidungen beeinflusst, die zu Recht in der Verantwortung von gewählten Regierungen und sie beratenden wissenschaftlichen Experten und Expertinnen liegen."

Unmittelbar nach seiner Wahl beklagten konservative Kritiker*innen seine fortschrittlichen Ansichten zum Klimawandel und betonten, dass die Auffassungen des Premierministers zwar „lobenswert wissenschaftlich fundiert sind, aber radikale politische und wirtschaftliche Auswirkungen haben".

Um jegliche Bedenken zu zerstreuen, dass er eine Gefahr für die Chefs und Chefinnen der Ölkonzerne sein könnte, beschleunigte Carney die Finanzierung von Infrastruktur, die die Erdöl- und Gasförderung vorantrieb.

Fast alle gewählten Regierungen, wie auch nun die von Carney, zeigten sich viel zu befangen, als dass sie unserem gefährlichen Kurs eine sinnvolle neue Richtung geben könnten.

Die Treibhausgasemissionen stiegen 2024 wieder an und erreichten 37,4 Mrd. t. Das Kohlenstoffbudget, das mit einer Erderwärmung unter 1,5 °C vereinbar wäre, wurde seit 2015 in jedem einzelnen Jahr überschritten. Ein Fachgremium aus über 150 Wissenschaftler*innen veröffentlichte kürzlich eine Stellungnahme, die klar zeigt, „dass das verbleibende Budget – und damit auch die Zeit, die uns bleibt, um das 1,5-Grad-Ziel zu erreichen und die schlimmsten Folgen des Klimawandels abzuwenden – beinahe erschöpft ist".

Carneys Rede vor zehn Jahren machte deutlich, dass der Klimawandel mutiges Handeln vonseiten der Staats-

und Regierungschefs und -chefinnen der Welt erfordert, aber seitdem er selbst Premierminister ist, scheint er unter Amnesie zu leiden.

UNWISSENHEIT IST STÄRKE

Das größte Hindernis bei der Bekämpfung des Klimawandels sind die USA.

In Trumps erster Amtszeit distanzierte sich das Land schnell von jeglichen Verpflichtungen, die anlässlich der COP21 in Paris gemacht worden waren.

Präsident Joe Biden versuchte, diese Schäden wiedergutzumachen, nachdem er Trump 2020 besiegt hatte, hatte aber bloß vier Jahre Zeit und es war nie oberste Priorität seiner von Schwierigkeiten geprägten Präsidentschaft.

Dann kam die Rückkehr des Mannes, der 2016 jeglichen Fortschritt gestoppt hatte und nun Maßnahmen ergriff, um auch noch die wenigen Fortschritte, die zwischen 2020 und 2024 erzielt worden waren, zunichtezumachen.

Trumps Verwaltungsbehörden vernichteten Daten zum Klimawandel, die über Jahrzehnte hinweg gesammelt worden waren – ungeachtet der wissenschaftlichen Erkenntnisse und vehement leugnend, dass es ein Problem gibt. Stattdessen stufen Trumps Gefolgsleute die Bestrebung, den Klimawandel zu bekämpfen, als das zu bewältigende Problem ein.

Mehr denn je müssen wir heute Fortschritte in Wissenschaft, Technologie und Bildung erzielen. Aber anstatt Fortschritte in der Reduktion fossiler Brennstoffe zu erreichen, will die amerikanische Regierung Erdöl- und Gasvorkommen erschließen, bohren, fracken und raffinieren.

„Drill, baby, drill." („Bohrt, Kinder, bohrt.")
(DONALD TRUMP)

Anstatt Maßnahmen zur Bekämpfung des Klimawandels zu verfügen, haben wir noch nicht einmal Strategien zur Vorgehensweise bedacht.

Inkompetente, populistische und arrogante Bürokrat*innen haben Wissenschaftler*innen ersetzt und Umweltschützer*innen werden aufgrund ihrer Meinungen, Dokumentationen und Proteste verunglimpft oder gar kriminalisiert.

Die USA sind im Begriff, alle ökologischen Umweltschutzmaßnahmen vollständig zu deregulieren und aktiv abzubauen – in einem so rasanten Tempo, dass Wissenschaftler*innen und Umweltschützer*innen keine Zeit haben, sie vor Gericht deswegen anzufechten.

Unter der Präsidentschaft Bidens wurden strikte Beschränkungen für Treibhausgase und giftige Materialen wie Quecksilber und Schwermetalle erlassen. Im Juni 2025 reichte die US-Umweltschutzbehörde einen Antrag ein, um diese Vorschriften außer Kraft zu setzen.

Im Jahr 2009 schuf die Umweltschutzbehörde die rechtliche Grundlage, in der festgehalten ist, dass die Anreicherung von Treibhausgasen in der Atmosphäre die Hauptursache für den Klimawandel ist und dieser Prozess eine reale und unmittelbare Gefahr für die öffentliche Gesundheit und das Wohlergehen der Bevölkerung darstellt. Im März 2025 kündigte die Umweltschutzbehörde Pläne zur Widerrufung dieser Position an.

Die Regierung Trumps versucht mit Nachdruck, Vorschriften aufzuheben, die im Rahmen des nationalen Umweltgesetzes über 50 Jahre hinweg entwickelt wurden. Das Weiße Haus erklärte, eine endgültige Entscheidung erlassen zu wollen, mit der alle seit 1977 vom Beirat für Umweltfragen erlassenen Vorschriften aufgehoben werden würden, zurück bis zur Präsidentschaft Jimmy Carters, der den Beirat mit der Erlassung der Vorschriften beauftragt hatte. Die geplante Vorschrift trägt den Titel „Removal of National Environmental Policy Act Implementing Regulations“.

Die derzeitige US-Regierung macht deutlich, dass sie nicht daran interessiert ist, gegen den Klimawandel oder irgendeine andere Umweltbedrohung vorzugehen. Trump erklärte der Umwelt und der Erde den offenen Krieg.

Im Januar 2025 veröffentlichte die Trump-Regierung

eine Präsidentenverfügung unter dem Titel „Unleashing American Energy“, die zur Aufhebung aller Umweltvorschriften aufrief, um Projekte jeglicher Art, von Infrastruktur über Bergbau und Bohrunternehmungen bis hin zu Energieprojekten, neu bewerten zu können.

Der Präsident hebt Meeresschutzgebiete auf und gab dem Tiefseebergbau ohne Auflagen zu Umweltverträglichkeitsstudien grünes Licht.

Nichts hiervon ist in Stein gemeißelt – zumindest noch nicht – und Umweltschutzorganisationen werden langwierige und kostspielige Gerichtsverfahren anstrengen, aber die Absicht ist klar. Die fossile Brennstoffindustrie bekommt, was sie verlangt, und hat das nötige Geld, diese Gerichtsverfahren auszutragen – etwas, das Umweltschutzgruppierungen fehlt.

Erdölfirmen haben bereits eine Offensive gestartet – und gewonnen: die Klage gegen Greenpeace im fossilen Brennstoffen zugeneigten North Dakota. Die Firma Energy Transfer verklagte Greenpeace wegen Diffamierung aufgrund der Rolle, die die Umweltorganisation bei den Protesten gegen den Bau der Dakota-Access-Ölpipeline spielte.

Als Mitbegründer von Greenpeace hätte ich mir nie vorstellen können, dass unsere einst kleine, zusammengewürfelte, kanadische Truppe von Ökolog*innen einmal zu einer derart großen Bedrohung für die Ölindustrie werden würde, dass diese es wagt, die Verfassung zu untergraben und die freie Meinungsäußerung und das Recht auf friedlichen Protest verwehren zu lassen.

Energy Transfer freut sich vielleicht gerade hämisch darüber, dass die voreingenommenen Geschworenen in einem Trump-Staat – in einer Nation, die sich gefährlich in Richtung Faschismus entwickelt – Greenpeace einen schweren Schlag versetzt haben, aber die Zukunft wird Greenpeace Recht geben und Energy Transfer verurteilen.

Natali Segovia, Geschäftsführerin von Water Protector Legal Collective, eine von Indigenen geführte, gemeinnützige Rechtsanwaltskanzlei, die ursprünglich aus den Protesten in Standing Rock hervorging, und Mitglied des Ausschusses zur Überwachung des Verfahrens, sagt, dass ihre Organisation in etwa 800 Strafverfahren aktiv war, die sich aus den Protesten ergaben. Die überwiegende Mehrheit der Fälle wurde inzwischen eingestellt.

Was während des Verfahrens gegen Greenpeace verloren gegangen sei, sei die Sorge um das Wasser, die so viele Proteste ausgelöst habe. Sie erkannte, dass hier eine größere Dynamik am Werk war: „Im Grunde handelt es sich um einen Stellvertreterkrieg gegen die Souveränität indigener Völker, bei dem eine internationale Umweltorganisation als Mittel benutzt wird."

Als der damalige französische Präsident Francois Mitterrand und seine Regierung im Jahr 1986 die *Rainbow Warrior* versenken ließen, katapultierte das Greenpeace aus der relativen Unbekanntheit in den Rang eines internationalen Umweltgiganten.

Nun geschieht es zum zweiten Mal. Greenpeace wird natürlich Beschwerde einlegen. Vielleicht wird die Organisation trotzdem die exorbitante Strafe zahlen müssen.

Aber die Geschichte zeigt, dass Greenpeace sich erholen und stärker daraus hervorgehen wird.

Die Umweltbewegung ist die am schnellsten wachsende soziale Bewegung der Welt. Es ist eine lebensbejahende Bewegung und sie wird nicht von einer Industrie gestoppt werden können, die rund um die Welt Tod, Zerstörung und Hoffnungslosigkeit verbreitet.

Als Mitbegründer von Greenpeace bin ich stolz auf diese „Niederlage“. Sie zeigt, wie bedrohlich die Umweltschutzbewegung für die Giganten der Zerstörung geworden ist.

EINE TABUERKLÄRUNG

DENN WENN DAS MEER STIRBT, STERBEN AUCH WIR!

Polynesische Kulturen erklärten gewisse Gebiete traditionellerweise für eine bestimmte Zeit, manchmal viele Jahre, für tabu, um sicherzustellen, dass Fischpopulationen nicht überfischt und ausgelöscht werden. Die Strafen für eine Missachtung des Tabus konnten drastisch ausfallen und bis hin zu Ächtung oder Todesstrafe reichen.

Die Gesetze der Ökologie waren diesen Inselkulturen bekannt:

1. Diversität
2. gegenseitige Abhängigkeit
3. Endlichkeit von Ressourcen

Heute plündern wir die Ozeane weltweit und für Fische gibt es keine sicheren Orte mehr. Meeresschutzgebiete locken oft nur Wilderer an. Wir müssten bestehende Vorschriften konsequent durchsetzen, aber es fehlt am politischen und am wirtschaftlichen Willen dazu.

Ich wuchs in einem Fischerort an der kanadischen Ostküste auf; unsere Nahrung bestand aus Meeresfrüchten, Dorsch, Makrelen, Hummerartigen, Kammmuscheln, essbaren Muscheln, Heringen, Stinten und mehr. Ich habe den Rückgang vieler dieser Arten selbst miterlebt.

Ich habe seit Jahrzehnten keinen Fisch mehr gegessen. Ich sehe den Fischkonsum als ökologisch unverantwortlich an und habe mir selbst vor vielen Jahren ein Tabu diesbezüglich auferlegt.

Einer der Gründe dafür, dass ich auch kein Fleisch esse, ist – abgesehen von ethischen und ökologischen Erwägungen –, dass etwa 40 % aller wildgefangenen Meerfische zu Fischmehl verarbeitet werden, um etwa Hühner, Schweine und Zuchtlachse zu füttern. Wir verfüttern auch große Mengen Fisch an Hauskatzen und Pelztiere. Wenn wir Hamburger essen, essen wir meist auch Ozean.

Der Verzehr von Fischen, die mithilfe von schwerer Gerätschaft, Langleinen, Stellnetzen, Ringwadennetzen, Supertrawlern oder Schleppnetzfischerei gefangen oder auf Fischfarmen gezüchtet werden, zerstört unseren Ozean. Er stirbt weg, Biss für Biss.

Im Jahr 2048 wird es keine Fischerei mehr geben, weil es keine Fischbestände mehr geben wird.

Einige werden sagen: „Das ist ein Problem für die Menschen im Jahr 2048; ich mag meinen Fisch."

Ich mag meine Fische auch. Ich mag sie lebendig und

frei, fähig, das ökologische Gleichgewicht mariner Ökosysteme aufrechtzuerhalten. Ein Fisch ist für uns Menschen frei im Meer schwimmend weit wertvoller als tot auf einem Teller.

Es gibt eine Lösung für den Klimawandel, von der nur sehr wenige Menschen hören wollen: Die Beendigung der industriellen Fischerei, um die Biodiversität im Meer wiederzubeleben. Wir müssen der Natur erlauben, das Gleichgewicht wiederherzustellen, das wir stören.

Um das zu erreichen, müssen wir für mindestens eine Generation die Weltmeere mit einem Tabu belegen, denn wenn die Fische verschwunden sind, stirbt das Meer – und wenn das Meer stirbt, sterben auch wir.

Die Menschheit muss dem Meer etwas ganz einfaches schenken: Zeit. Und Ruhe. Wir müssen ihm erlauben, sich zu regenerieren.

Wollen wir die aktuelle äußerst ernste Bedrohung für unsere Zivilisation und die Zukunft der Menschheit ernst nehmen, ist es höchste Zeit, wirksame Maßnahmen zu ergreifen.

Ein sterbender Ozean verschlimmert nicht nur den Klimawandel. Die Bedrohung ist weitaus größer. Sie umfasst einen Rückgang der Artenvielfalt im Meer und der Sauerstoffproduktion, einen Anstieg des Kohlenstoffdioxid-, Methan-, Lachgas- und Wasserdampfgehalts, die Versauerung der Meere und das Korallenbleichen, die Zerstörung von Ökosystemen am Meeresgrund, chemische, Plastik- und Lärmverschmutzung, Strahlenbelastung, beispiellose Hungersnöte und vieles mehr.

Die Ursachen dieser Katastrophe liegen einerseits in der Zunahme der menschlichen Population, dem eskalierenden Ressourcenverbrauch und ausufernden Populationen von Haus- und Nutztieren, andererseits in einem absoluten Mangel an Initiative, Mut und Leidenschaft vonseiten der Staats- und Regierungschefs und -chefinnen.

Auf unserem Raumschiff Erde ist der Ozean unser aller Lebenserhaltungssystem. Zahlreiche Arten, von Bakterien bis hin zu Walen, gewährleisten seinen reibungslosen Betrieb. Wir Menschen hingegen verbringen die meiste Zeit mit eigennützigen Dingen und Vergnügungen – scheinbar ohne uns der Zerstörung bewusst zu sein, die wir unserem eigenen Lebenserhaltungssystem zufügen.

Wir verfügen vielleicht über eine gewisse technologische Intelligenz, aber uns fehlt eine ökologische Intelligenz – und ein gesunder ökologischer Verstand.

Leider sind die menschlichen Passagiere sowohl an Land als auch auf See gerade dabei, die Besatzung – die Geoingenieure, die für den reibungslosen Betrieb aller Systeme des Raumschiffs sorgen – umzubringen.

Der Ozean produziert Nahrung und den Hauptanteil des Sauerstoffs, er bindet Kohlenstoff und reguliert das Klima durch Ozeanströmungen, Winde, Gezeiten und die Verflechtung allen Lebens in ihm.

Wale stellen dem Phytoplankton Nährstoffe wie Eisen und Stickstoff zur Verfügung. Das Phytoplankton ernährt Krill, Fische und Seevögel entlang der gesamten Nahrungskette und es produziert über die Hälfte des Sauerstoffs, den wir atmen.

Warum haben Phytoplanktonpopulationen seit 1950 um 40 % abgenommen? Weil wir 90 % der Walpopulationen vernichtet haben, was dem Phytoplankton essenzielle Nährstoffe geraubt hat, und weil wir die Meere grenzenlos überfischen, nicht zuletzt hinsichtlich des Krills, um ihn an unsere Haustiere zu verfüttern. Wir haben ozeanische Ökosysteme verschmutzt und verüben ein massives, systematisches Massaker an allen Meereslebewesen.

Infolgedessen liegt der Ozean im Sterben. Und wenn er stirbt, stirbt auch die Menschheit.

Es gilt ernste, mutige und strategische Entscheidungen zu fällen, wenn wir unsere Zukunft und diejenige der Besatzung in ihrer gesamten Vielfalt sichern wollen.

Vor allem müssen wir den marinen Ökosystemen erlauben, sich zu erholen. Dafür müssen wir uns zurückziehen, dem Meer Ruhe und Zeit gönnen, und folgende Punkte umsetzen – auch wenn es nicht nach dem Geschmack der heutigen Machthaber ist, diese Tätigkeiten zu beenden:

1. Abschaffung aller staatlichen Subventionen für die industrielle Fischerei rund um die Welt
2. Verbot aller industriellen Fischereitechniken, einschließlich Supertrawlern, Langleinen, Stellnetzen, Ringwadennetzen, Monofilamentnetzen und Leinen aus Plastik
3. Durchsetzung internationaler Vorschriften gegen die illegale Fischerei
4. Verbot des kommerziellen Walfangs

5. Fördern der Artenvielfalt durch das Begünstigen des Populationswachstums von Fischen, Meeressäugern, Seevögeln und allen andern Meeresorganismen
6. Ende der Fütterung von Haus- und Nutztieren mit Fischmehl
7. Beenden der Meeresverschmutzung durch Chemikalien, Plastik, landwirtschaftliche Abwässer und radioaktives Material
8. Beenden der Lärmverschmutzung durch Schallkanonen, die bei der Suche nach Erdöl eingesetzt werden, und durch militärische Sonargeräte

Polynesische Kulturen hatten verstanden, dass sie die Biodiversität der Ozeane würden schützen müssen, um ihre eigene Zukunft zu sichern.

Heute gibt es rund um den Globus kaum noch Orte, die tabu sind und in denen Meereslebewesen frei und sicher vor menschlicher Zerstörung sind.

Wenn wir auch morgen noch Fische, Wale, Delfine und Meeresschildkröten haben wollen, müssen wir das Massaker im Meer sofort beenden.

Die Wahl lautet: kurzfristige Gewinne für einige wenige heute oder das Überleben von uns allen morgen.

WIE ERREICHEN WIR DAS?

Jahrzehntelang hatte die Menschheit die Möglichkeit, den Klimawandel konstruktiv anzugehen, doch wir haben uns dafür entschieden, äußerst wenig zu tun. Inzwischen ist es zu spät für jene Herangehensweise. Um überhaupt eine Eindämmung erreichen zu können, sind nun strenge gesetzliche Vorschriften und einschneidende Änderungen in unserem Alltag und Lebensstil nötig. Leider fehlt es nach wie vor an wirtschaftlichen und politischen Anreizen, die Gefahr ernst zu nehmen.

Unsere kollektive Abhängigkeit von fossilen Brennstoffen oder, genauer gesagt, den materiellen Annehmlichkeiten einer von fossilen Rohstoffen angetriebenen Welt, scheint unüberwindbar zu sein. Abhängige wollen keine Hilfe, sie wollen nur eins: ihre Droge. Wir wollen unser Erdöl, unsere Maschinen, unsere Unterhaltung und unseren maßlosen, materialistischen Lebensstil. Wir wollen keine Untergangsszenarien oder negativen Sichtweisen hören, die unsere anthropozentrischen Illusionen zerstören, und wir scheinen bereit zu sein, dafür mit einer stillen Ergebenheit gegenüber unserem eigenen Untergang zu bezahlen.

Die Menschheit hat einen großen Teil der Tragfähigkeit unserer planetaren Ökosysteme in Anspruch genommen, um sich selbst und die relativ geringe Zahl an Tier- und Pflanzenarten, die sie domestiziert hat, zu ernähren und zu fördern. Gemeinsam mit diesen Arten machen wir heute einen größeren Anteil am Leben auf der Erde aus als die wildlebende Flora und Fauna.

Ohne die Ressourcen, die nötig sind, um die Artenvielfalt und die Wechselbeziehungen zwischen Lebewesen zu erhalten, werden ganze Ökosysteme zusammenbrechen. Schon jetzt sterben weltweit Korallenriffe ab, werden ganze Waldökosysteme zerstört; die Versauerung hat katastrophale Folgen für das Meer, Waldbrände löschen Milliarden Lebewesen aus, neue Viren breiten sich aus – aber die Menschheit bleibt unmotiviert, gefangen in wirtschaftlichen, sozialen und politischen Denkstrukturen, die von der natürlichen Ordnung derart entfremdet sind, dass wir den Zusammenbruch unseres Lebenserhaltungssystems nicht einmal mitbekommen.

Wir glauben, dass wir über den Gesetzen der Ökologie stehen, dass die Wissenschaft Lösungen für uns finden wird und die Religionen uns retten werden. Wir sehen, was wir sehen wollen, wir hören, was wir hören wollen, und weigern uns, die Realität zu akzeptieren, die sich vor uns entfaltet – weil die ökologischen Wirklichkeiten nicht Teil unseres kollektiven Glaubenssystems sind.

Damit die Menschheit überlebt, muss die gesamte sozioökonomische und politische Struktur unserer Zivilisation einstürzen – und das wird sie. Die Frage ist bloß, wann. Alles wird zusammenkommen: Überbevölkerung, Hungersnöte, Dürren, Überschwemmungen, Pandemien, Klimaflüchtlinge, Kriege und eine Verknappung grundlegender Ressourcen. Ermöglicht dadurch, dass die Menschheit lieber nichts davon hören wollte.

Wir scheinen uns schnell an jede Naturkatastrophe anzupassen; kaum ist sie geschehen, ist sie auch schon wieder vergessen. Die Waldbrände in Hawaii, Los Angeles, Frankreich, Spanien und Griechenland, die Überschwemmungen in Texas, Bangladesch und Italien, die Taifune, die Asien und die Karibik trafen – rund um die Welt sehen wir tagtäglich Anzeichen des Klimawandels. Wir reagieren und intervenieren auf lokaler Ebene, das Gesamtbild aber scheinen wir nicht zu sehen.

Der Klimawandel ist die schwerste Bedrohung für das Leben auf Erden seit dem letzten Massensterben vor 65 Mio. Jahren. Das Überleben unserer Art ist mehr als unsicher und trotzdem ignorieren wir ihn, besessen, wie wir sind von Profit, Krieg, Politik und Unterhaltung. Stimmen, die sich dagegen erheben, werden zum Schweigen gebracht und diese Verfolgung wird sich nur weiter intensivieren, während die Wahrheit durch Lügen ersetzt wird, die wir ohne Fragen oder Diskussion schlucken werden.

Wer ist auf diese Katastrophe vorbereitet? Können wir der weltweiten Verknappung von Ressourcen begegnen in einer Welt, in der eine konstant wachsende Bevölkerung immer mehr von ihnen verlangt? In der es immer öfter zu verzweifelten umweltbedingten Flüchtlingswellen kommen wird und Menschenrechtsverletzungen ebenso wie Kriege über Herrschaftsgebiete und Rohstoffe zunehmen werden?

Die Menschheit war nie besonders gut im Frieden oder in ökologischem Management. Aber wir waren schon immer gut mit Kriegen. Wir haben Tausende Jahre damit verbracht, effizientere Wege zu finden, um uns gegenseitig zu zerstören und jede Gräueltat in Namen von Patriotismus, Religion oder politischer Ideologie zu rechtfertigen. Wir sind darauf konditioniert, zu tun, was uns gesagt wird, und zu töten, wen wir töten sollen. Und wir tun es, überzeugt davon, dass unsere Handlungen nützlich sind, ehrenhaft und ethisch. Unsere Feinde sind immer die Bösen – egal, wer sie sind – und wir sind immer die Guten. In jeder Hinsicht sind wir selbst unser größter Feind und waren es schon immer.

Was ist Extinction Rebellion? Ein Versuch, uns vor uns selbst zu retten. Aber die Wahrheit scheint derart bedrohlich, dass wir jede Person verteufeln, die es wagt, sie auszusprechen. Wenn mutige Personen sich erheben, um die Bastionen des Anthropozentrismus herauszufordern, werden sie diffamiert, verfolgt, eingesperrt und ermordet.

Was also können wir tun? Wir alle können anerkennen, wer wir sind, die kollektive menschliche Unwissenheit und

Arroganz akzeptieren und uns von ihnen distanzieren. Wir müssen beginnen, selbstständig zu denken, alles zu hinterfragen und nichts zu glauben, was wir nicht selbst sehen, hören oder erleben.

Das anthropozentrische System ist ein Lügengeflecht. Die Lügen geben uns vor, was wir essen, wie wir leben, wen wir lieben, hassen, respektieren und wem wir trauen oder misstrauen sollen. Die Sender sind voller falscher Informationen, die versuchen, uns Frieden, Gesundheit, Sicherheit, Liebe und materiellen Komfort zu verkaufen. Alles, was von uns im Gegenzug verlangt wird, ist absolute Fügsamkeit gegenüber anthropozentrischen Erfordernissen.

Um die Fesseln abzuschütteln, müssen wir aufhören, alles zu schlucken, was man uns weismachen will. Frieden und Sicherheit können wir in der Natur finden und in einem Leben im Einklang mit allen Wesen, mit denen wir zutiefst verbunden sind. Wir sind Teil der Welt, nicht von ihr abgesondert und ihr nicht überlegen. Wir müssen unseren Platz innerhalb der Ökosysteme, in denen wir leben, verstehen und wissen, wer unsere nichtmenschlichen Nachbarn sind; wir müssen verstehen, was sie für uns leisten und was wir für sie tun müssen.

Das bedeutet, dass wir uns darüber bewusst werden müssen, was wir essen, und lernen, welche Folgen unsere Entscheidungen für die Gesundheit der Umwelt haben. Es bedeutet auch, Demut zu lernen und zu akzeptieren, dass wir nicht wichtiger sind als andere Arten. Es bedeutet ebenso zu lernen voranzuschreiten, ohne uns um Kritik zu scheren.

Meine Rolle als Naturschützer mit einer biozentrischen Weltanschauung ist es, Dinge zu sagen, die viele nicht hören wollen, und Dinge zu tun, die manche Leute verärgern. Ich bin hier, um auf die Nerven zu gehen, für Furore zu sorgen und das Boot zum Schaukeln zu bringen – und manchmal, um das eine oder andere Schiff zu versenken. Für mich bedeutet es, nicht länger anthropozentrischen Konstrukten anzuhaften, sondern wieder eins zu werden mit der natürlichen Welt. Für Biozentristen gibt es keine Grenzen, nur Beziehungen. Vor jeder Entscheidung müssen wir uns fragen, ob sie gut ist für den Planeten. Und wenn sie gut ist für den Planeten, ist sie es auch für die Menschheit.

Diese Einsichten ergaben sich für mich aus der tiefen persönlichen Verbindung zu einem sterbenden Pottwal im Jahr 1975. Durch sie erkannte ich uns Menschen als das, was wir sind, und die Erkenntnis widerte mich an. Ich wusste in jenem Moment, dass ich diesen Wal, seine Artgenossen und alle anderen nichtmenschlichen Lebewesen beschützen und verteidigen musste.

1986 versenkten meine Crew und ich die Hälfte der isländischen Walfangflotte. Ein ehemaliger Greenpeace-Kollege kritisierte mich daraufhin scharf und sagte, dass unsere Handlungen eine Schande für Greenpeace und die Bewegung seien. „Was ihr getan habt, ist kriminell, verwerflich und unmoralisch und hat unserer Bewegung großen Schaden zugefügt."

Ich antwortete: „Wir versenkten die Schiffe nicht, um etwas Gutes für dich, für Greenpeace oder irgendeine

Bewegung zu tun. Wir versenkten sie, um etwas Gutes zu tun für die Wale. Findest du auch nur einen Wal, der unsere Handlung missbilligt, verspreche ich, nie wieder damit zu beginnen."

„Das ist lächerlich", sagte er.

„Mag sein. Aber so ist es – die Wale sind unsere Klienten, nicht die Menschen."

Durch den Biozentrismus fand ich ein Gefühl immenser Freiheit. Ich war frei zu denken. Ich bemerkte, dass ich vor fast nichts Angst hatte, und das war das größte aller Gefühle. Es war befreiend. Ich verstand, dass der Tod fester Bestandteil des Lebens ist und diese Unvermeidlichkeit zu seiner vollkommenen Akzeptanz führen kann, zur Ablehnung aller Angst, einschließlich jener zu sagen, was wir denken, und zu handeln und sein, wie wir sind.

Wenn ich vor irgendetwas Angst habe, dann vor dem Klimawandel und dem stetigen Rückgang der Artenvielfalt. Denn sie bedrohen alle Lebewesen an Bord des Raumschiffs Erde und werden für alle verheerende Langzeitfolgen haben.

Das Aussterben bereitet mir große Sorgen. Der Verlust jeder Art lässt die Biosphäre verarmen und damit uns alle. Ich fürchte um das Überleben von 1 Mio. Arten, einschließlich unserer eigenen.

DREISSIG JAHRE NICHTS ALS GESCHWÄTZ

Am 30. Dezember 2015, kurz nachdem die COP21 beendet war, schrieb ich folgende Zeilen:

„Ich habe beschlossen, keine Zeit mehr damit zu verschwenden, über das Thema Klimawandel zu diskutieren. Wenn Leute ihn leugnen wollen, steht ihnen das frei.

Vielleicht sollte ich mich in meinem Sessel zurücklehnen und zuschauen, wie die Dinge ihren Lauf nehmen, aber das entspricht mir nicht. Ich bin ein hoffnungsloser Optimist, selbst wenn es aller Logik widerspricht, und trotz der Realität der Tatsachen.

Gestern verloren 203 Menschen ihr Leben in tödlichen Überschwemmungen in Lancashire und York-

shire in England. Ich frage mich, wie viele von ihnen Klimawandelskeptiker waren. Eine Serie von Tornados hinterließ Schneisen der Zerstörung und forderte elf Todesopfer in Dallas, Texas. Dann kamen Blizzards. Ich vermute, das war ein Zufall. Vermont und Toronto sind schneefrei und warm, Vancouver verschneit. Es ist eine verkehrte Welt, aber ich nehme an, einige werden sagen, das ist normal. Ein Supersturm wütet über dem Nordatlantik. Die Wetteranomalien werden mit jedem Tag deutlicher bemerkbar.

Das Klimaabkommen, das vor Kurzem in Paris getroffen wurde, wird erst 2020 ratifiziert werden und ist nicht bindend, es ist also kaum das Papier wert, auf dem es gedruckt steht.

Überschwemmungen in Illinois forderten fünf Todesopfer.

Unkontrollierbare Waldbrände nördlich von Los Angeles am Weihnachtstag. Zerstörerische Waldbrände auch in Victoria, Australien.

ConEd, eines der größten börsennotierten Unternehmen im Energiesektor der Vereinigten Staaten, gab gerade 1 Mrd. US-Dollar aus, um sein Energienetz auf die Gefahren durch extreme Wetterereignisse vorzubereiten. Wenn es um Profite geht, wird die Gefahr sehr wohl ernst genommen.

Florida budgetiert zweistellige Millionenbeträge, um dem Meeresspiegelanstieg die Stirn zu bieten, aber Behörden ist nicht erlaubt, die zwei Worte „Klima" und „Wandel" zu erwähnen.

Ein außer Kontrolle geratenes Erdgasreservoir in Kalifornien speit 62 Kubiktonnen Methan am Tag in die Atmosphäre.

Die Gletscher ziehen sich zurück. Die pazifischen Passatwinde haben sich in Richtung Süden verschoben; jeder Seemann kann einem das bestätigen.

Fukushima speit weiterhin radioaktives, giftiges Material in den Pazifik.

Es gibt noch immer Leute, die das Problem nicht sehen, und selbst die, die es erkennen, tun kaum etwas, um es anzugehen. Immer nur weitere Treffen, weitere Konferenzen. Wir werden auch noch COP22 erleben, COP23 und so weiter, und die Konsumenten werden weiter konsumieren, die menschliche Population jeden Tag um eine weitere Viertelmillion anwachsen, arme Länder werden weiter reich werden wollen und die Reichen noch reicher und all das wird zu mehr Klimaflüchtlingen, mehr Kriegen, mehr Krankheiten, mehr Hunger, mehr zivilen Unruhen und mehr Autoritarismus führen.

Wäre es an der Zeit, die Arme zu verschränken angesichts dieses Spektakels an menschlichem Wahnsinn? Ich für meinen Teil werde tun, was ich kann, um das Leben im Ozean zu verteidigen und die marinen Ökosysteme und die Biodiversität zu schützen, in der Hoffnung, dass die Menschheit vielleicht, nur vielleicht, erkennen wird, dass wir wählen können zwischen dem Handeln und dem Untergang.

Es gibt Lösungen:

Wir müssen die industrielle Fischerei beenden sowie die Subventionen, die ihr zukommen, und dem Ozean Zeit lassen, sich zu erholen.

Wir müssen die Abholzung von Wäldern stoppen.

Wir müssen den Irrsinn des Wettrüstens stoppen und die Profitmacherei aus Tod und Zerstörung.

Wir müssen aufhören, Chemikalien, Plastik und radioaktiven Abfall in die Meere zu kippen.

Wir müssen aufhören, 65 Mrd. Tiere pro Jahr zu schlachten. Dieses alljährliche Massaker produziert mehr Treibhausgase als der gesamte Transportsektor.

Wir müssen aufhören, Fracking zu betreiben, den Planeten für Kohle und Erdöl umzugraben und Methangas freizusetzen.

Wir müssen aufhören, sinnlose Kriege zu führen, nur um Profit zu machen.

Wir müssen aufhören, sinnlos zu konsumieren.

Oder geht und esst ein Steak, kauft euch einen 4 × 4, betrinkt euch, berauscht euch, schenkt immer lächerlicheren Politikern Gehör und küsst eure Kinder und Kindeskinder zum Abschied mit der simplen Botschaft: ‚Das ist nicht mein Problem, es ist eures! Viel Glück, für uns war's nett – echt blöd für euch, in eurer Haut zu stecken.'"

Zehn Jahre sind vergangen und nichts hat sich geändert.

Es ist höchste Zeit aufzuwachen, zu handeln, unseren Lebensstil zu ändern. Es ist höchste Zeit, uns Gedanken zu machen zur Zukunft der Menschheit und zu verstehen, dass wir nur überleben werden, wenn wir sicherstellen, dass die Natur überlebt.

Rückblickend erkenne ich die Entstehung eines wiederkehrenden Musters. Am Anfang steht die Begeisterung, wie damals anlässlich der COP21 in Paris, die zunächst vielversprechende Hoffnung aufkommen lässt, gefolgt von einem Jahrzehnt der Untätigkeit und des leeren politischen Gestikulierens, alles im Rhythmus der jährlichen Fototermine.

In den zehn Jahren seit der COP21 wurde kaum etwas besser, aber es veränderte sich viel. Die COP28, die 2023 von den Vereinigten Arabischen Emiraten veranstaltet wurde, stellte einen scharfen Kontrast zum Optimismus dar, den wir in Paris erlebt hatten.

Die COP28 erschien mir unglaublich bizarr, nach dem leeren Gerede und dem Debakel der COP davor in Ägypten, die erschreckenderweise von Coca-Cola gesponsert wurde.

Die COP27 wurde in Scharm asch-Schaich abgehalten, einem Badeort in einem Polizeistaat, der außer per Flugzeug oder via eine an Israel grenzende Straße schwer zu erreichen und der mit Kontrollpunkten gespickt war, wo Behörden Mobiltelefone und Laptops inspizierten und sogar so weit gingen, Emails und Posts in den sozialen Medien zu kontrollieren.

Scharm asch-Schaich war ein streng kontrollierter, sorgfältig bewachter Veranstaltungsort, wo Demonstrationen und Proteste der Zivilgesellschaft weder erlaubt waren noch toleriert wurden.

Der Krieg in der Ukraine begrub die sowieso unbedeutenden und ungenügenden Versprechungen der COP26, und die COP27 endete mit einem Aufruf, die Kohle- und Gasproduktion zu steigern.

Jedes Jahr fand man auf der COP neue Ausreden, um nichts zu tun, und die COP27 war schon gescheitert, bevor sie überhaupt begonnen hatte. Die Fördergelder, die in die Produktion fossiler Brennstoffe flossen, stiegen und werden auch weiter steigen. Die globale Angst vor Energieengpässen versetzte Staats- und Regierungschefs und -chefinnen in Angst, und das Letzte, mit dem sie sich beschäftigen wollten, war der Umgang mit dem Klimachaos.

Sogar König Charles III. wurde von der britischen Regierung angewiesen, der Konferenz nicht beizuwohnen, aus Angst, dass sein Engagement zugunsten der Umwelt ungewollten Aktivismus auslösen könnte.

In den USA übertrumpften Sorgen um den Gaspreis alle anderen Besorgnisse, besonders jene um die Umwelt.

In einer Welt, in der Milliarden Menschen abhängig sind von einer Kohlenwasserstoffdroge, wollte niemand auch nur von der Andeutung einer Verknappung des Angebots hören. Sie hatten das Bedürfnis, ihre unersättlichen Tanks zu füllen, und das so billig wie möglich.

Die reichen Nationen sträubten sich wieder einmal, ärmere mit finanziellen Mitteln zu unterstützen, und ärmere Nationen forderten ihr Recht ein, ihre fossilen Brennstoffe zu fördern.

„Die reichen Länder haben während Jahrzehnten fossile Brennstoffe gefördert und den wirtschaftlichen Gewinn davon eingefahren“, erklärte Gabriel Obiang Lima, der Ölminister Äquatorialguineas, als er die Aufforderungen an Afrika, die Nutzung von Kohlenwasserstoffen einzuschränken, als ungerecht beschrieb. „Es ist an der Zeit, dass wir unsere Ressourcen abbauen und monetarisieren, und die entwickelten Länder sollten das verstehen.“

Etwa 35.000 Delegierte wurden zur COP27 in einer Nation erwartet, in der etwa 75.000 politische Gefangene inhaftiert waren. Warum wurde eine UNO-Konferenz in einem Land abgehalten, das berüchtigt ist für seine brutalen Menschenrechtsverletzungen?

Die ägyptische Regierung überprüfte jede teilnehmende NGO sorgfältig. Es wurde dringend empfohlen, den Schwerpunkt auf harmlose Themen wie Recycling, Strandreinigung und die Förderung von alternativer Sonnen-, Kern- und Windenergie zu legen. Es fanden Diskussionen zu heikleren Themen statt, aber es wurden keinerlei Beschlüsse gefasst in Bezug auf eine Verringerung der fossilen Brennstoffproduktion oder den Abbau von Rohstoffen in den Ozeanen, den Beitrag der industriellen Fischerei und der Fleischproduktion an den Treibhausgasemissionen oder die Zerstörung von Lebewesen und Ökosystemen, die CO_2 binden.

Die COP27 war eine Übung im Greenwashing und gab den Ton für zukünftige COPs vor. Sie lief ruhig, geordnet, kontrolliert und höflich ab. Und wie auch andere COPs davor erreichte sie absolut gar nichts, was diesen Planeten zu einem sichereren Ort machen würde.

Es war, als würde man Feuerwehrleuten dabei zuschauen, wie sie eimerweise Benzin in die Flammen schütten und dabei so tun, als versuchten sie, das Flammenmeer zu löschen, von dem sie profitieren.

Die COP-Konferenzen sind nichts weiter als eine geschätzte Reklamegelegenheit für die Gastländer. Und von Delegierten wird erwartet, dass sie über die ökologischen und menschenrechtlichen Gräueltaten der Orte hinwegsehen, an denen sie sich treffen.

Staats- und Regierungschefs und -chefinnen verbrachten gerade genug Zeit in Scharm asch-Schaich, um ein paar Fototermine wahrzunehmen. Viele von ihnen posierten lächelnd, umringt von jungen Leuten, und ließen diese der Lüge auf den Leim gehen, dass ihre bloße Anwesenheit ausreiche, um etwas zu verändern.

Ägypten hatte die Unverfrorenheit zu sagen, die jungen Teilnehmer der Konferenz würden „den Mächtigen die Wahrheit sagen“ – ein Land, in dem Tausende junge Leute genau dafür gefoltert und festgehalten wurden. Der beste Weg, die Bedeutung dieser Aussage zu verwässern, ist, sie als Slogan in die offizielle Propaganda aufzunehmen.

Während der Zirkus aus Ausflüchten, Geschwätz und Schwachsinn zu Ende ging, schritt der Pipelinebau weiter voran: zwischen Uganda und Tansania durch die EACOP-Partnerschaft und in British Columbia mittels Besetzung von indigenem Land, die von einer Sondereinheit der Royal Canadian Mounted Police unterstützt wurde.

Das Klimachaos schreitet weiter voran mit der Unterstützung von Großkonzernen und skrupellosen Regierungen, die die Menschenrechte stets hinter die Ausbeutung von Rohstoffen zurückstellen, die sie um jeden Preis verfolgen.

Die Machthaber interessieren sich nicht für Lösungen. Sie wollen den Schein aufrechterhalten, dass sie sich um den Planeten, unsere Kinder und die Zukunft kümmern. Ihre Priorität ist es, den Status quo aufrechtzuerhalten, während sie den Eindruck erwecken, einen Aktivismus zu befürworten, dem sie sich eigentlich entgegenstellen. Dafür war Scharm asch-Schaich ein idealer Veranstaltungsort: perfekt kontrolliert und sicher untergebracht in einem rücksichtslosen Polizeistaat, in dem Einschüchterungen und Angst garantierten, dass absolut gar nichts erreicht wurde.

Aber hey, es gab gratis Coca-Cola dank dem offiziellen Sponsor.

Was die Farce um die COP28 angeht, so zerbrach sie bereits bei der Ankündigung, dass der „unparteiische" Milliardär Sultan Dr. Ahmed Al Jaber, Energieminister der Vereinigten Arabischen Emirate, die Konferenz präsidieren würde. Seine selbsternannte Unparteilichkeit wurde solide untermauert durch seine Funktion als CEO der staatlichen Ölfirma ADNOC, die täglich 3,5 Mio. Barrel Erdöl fördert.

Nach 27 unfruchtbaren COPs voller Geschwätz fand man endlich zur Ehrlichkeit und bezog klar Stellung: Niemand würde auch nur den kleinen Finger rühren, um die

Klimakrise zu bewältigen – es sei denn, es ginge darum, Wege zu finden, um daraus Profit zu schlagen.

Die Lösung, die aus der COP28 hervorging, bestand darin, die Klimakrise zum Klimachaos zu machen, mit dem wir lernen müssen zu leben.

Nichts verdeutlicht die Notwendigkeit, das Problem der ansteigenden Treibhausgasemissionen anzugehen, so sehr, wie dieses Riesentreffen, für das 80.000 Menschen aus aller Welt nach Dubai flogen, um sich in einer luxuriösen, klimatisierten Kuppel inmitten der Wüste zu begegnen. Und um den Durst der guten Menschen zu löschen, gab es gratis flaschenweise, von Pepsico verpacktes, ebenfalls importiertes Aquafina-Wasser.

Mit dem Austausch des offiziellen Sponsors der vorangegangenen Konferenz durch Pepsi sind selbst die Auseinandersetzungen der Süßgetränkehersteller Teil der Scharade geworden.

Die COP28 war Schauplatz einer bedeutenden Entwicklung: Der traditionelle, bedeutungslose Aufruf zum graduellen Ausstieg aus den fossilen Brennstoffen wurde gestrichen und sofort als „panikmacherisch" abgestempelt durch Seine Exzellenz Sultan Al Jaber, als er ein prägnantes, klares und mutiges Programm für die Konferenz vorstellte.

Während der Eröffnungszeremonie antwortete er auf die Frage nach der Notwendigkeit eines solchen graduellen Ausstiegs mit Bestimmtheit: „Ich habe zugestimmt hierherzukommen, um eine nüchterne und reife Konversation zu führen. Ich weigere mich, mich auf panikverbreitende Diskussionen einzulassen. Es gibt keine wissenschaftlichen Belege und kein glaubhaftes Szenario, die darauf hindeuten, dass uns der Ausstieg aus fossilen Brennstoffen das 1,5-Grad-Ziel erreichen lassen wird."

Mit anderen Worten: Vergesst die absurde Idee eines Ausstiegs aus den fossilen Brennstoffen. Das wird nicht geschehen, also lasst uns dieser unrealistischen Hoffnung ein Ende bereiten.

All die Ökos, die nervige Fragen stellten, schienen den Sultan während der gesamten Konferenz in schlechte Laune zu versetzen. Anlässlich eines Treffens erlaubte er nur vier Fragen, beantwortete dann aber, in gereiztem Ton, nur diejenige eines nordamerikanischen indigenen Mannes und berücksichtigte keine weiteren. Die Frage betraf den Zugang indigener Personen zu Delegierten. Der Sultan antwortete, indem er sich damit brüstete, dass dies die inklusivste COP für indigene Menschen sei, die je organisiert wurde, und zeigte sich verärgert darüber, dass der Fragende nicht mehr Dankbarkeit und Respekt dem gegenüber bekundete. Mit anderen Worten: Ich gab euch den nötigen Raum, um unter euch Unsinn zu diskutieren, nun lasst mich in Ruhe, sodass ich mich auf die wichtigen Dinge konzentrieren kann, wie die Notwendigkeit, die Narrative dieser Konferenz so umzugestalten, dass sie realistischer und akzeptabler wird für die Personen, die zählen.

Professor Sir David King, Vorsitzender der Climate Crisis Advisory Group und ehemaliger wissenschaftlicher Chefberater des Vereinigten Königsreichs, sagte: „Es ist äußerst besorgniserregend und überraschend zu hören, wie der Präsident der COP28 die Nutzung fossiler Brennstoffe verteidigt. Es ist unumstritten, dass wir die Kohlenstoffemissionen schnellstens senken und die Nutzung fossiler Brennstoffe bis spätestens 2035 beendet haben müssen, um die globale Erwärmung auf 1,5 °C zu begrenzen. Andernfalls wird die Zukunft für die Menschheit unkontrollierbar sein."

Warum ist das so überraschend? Haben wir wirklich geglaubt, dass sich die Erdölkonzerne in einem altruistischen Akt ins eigene Knie schießen würden?

Das Schicksal der Menschheit ist das letzte, worüber sie sich Gedanken machen, und sie haben auch keinerlei Absicht, sich eine Zukunft vorzustellen, die sie für unmöglich halten, weil sie nicht in ihre Weltvorstellung passt. Unsinnige Diskussionen werden weiterhin toleriert, aber die Wahrheit ist, dass die Erdölindustrie fortan die öffentliche Debatte und die globale Umweltagenda und damit unsere kollektive Zukunft fest im Griff hat.

Die aktuellen Zielvorgaben des Weltklimarats können nicht erreicht werden, ohne dass wir unsere Abhängigkeit von fossilen Brennstoffen hinsichtlich Energieversorgung und Entwicklung reduzieren, phasenweise abbauen und dann gänzlich beenden.

Obwohl dem so ist, pfeift die moderne Welt auf diese Wahrheit. Die, die zählen – die Banken, Investmentfirmen, Konzerne und Regierungen –, bevorzugen Lügen und alternative Fakten.

Russland, China und Saudi-Arabien lehnen einen Ausstieg aus den fossilen Brennstoffen kategorisch ab.

Die USA und die europäischen Länder unterstützen den Schritt in der Öffentlichkeit und geben vor, sich ihm anzunähern, wissen aber sehr wohl, dass er sich nie vollziehen wird, denn letztendlich bestimmen Profite, Politik und Beziehungen das Handeln der Regierungen.

Die Regierungen wissen, dass Leute ihre Bequemlichkeiten mögen, ihre Autos, ihre staatlich subventionierte Landwirtschaft und industrielle Fischerei, ihre benzinfressenden Spielzeuge, ihre effizienten Luxusreisen – und die Erdölfirmen schüren die Angst, dass unsere Gesellschaft ohne fossile Brennstoffe in die Steinzeit zurückfällt.

Ja, die Menschen wollen Veränderung sehen, außer wenn sie Einschränkungen in ihrem Lebensstil und ihrer Behaglichkeit mit sich bringt.

Ein paar tief liegende Inselnationen sähen natürlich gerne einen umgehenden Wandel, aber man hat, um sie zu beruhigen, zu ihren Gunsten einen speziellen Fonds geschaffen, der von reichen Nationen finanziert wird. Es ist dieser Fonds, der als große Errungenschaft der COP28 präsentiert wurde, da nach Jahren sinnloser Diskussionen und falscher Versprechungen gewisse reiche Länder zum ersten Mal tatsächlich in die Tasche gegriffen haben. Es ist anzumerken, dass die USA und Japan am wenigsten beisteuerten und das auch nur widerwillig taten.

Um den wahren Charakter der COP zu offenbaren, durfte man sich auf Sultan Al Jaber verlassen. „Zeigt mir den Plan für einen Ausstieg aus den fossilen Brennstoffen, der eine nachhaltige sozioökonomische Entwicklung zulässt, ohne die Welt zurückzuversetzen ins Zeitalter der Höhlenmenschen. Ihr werdet das Klimaproblem nicht lösen, indem ihr mit dem Finger auf andere zeigt oder die Polarisierung und Spaltung, die sich bereits weltweit vollzieht, weiter befeuert. Zeigt sie mir, die Lösungen“, forderte er, „und hört auf, Schuldige zu suchen. Hört auf damit.“

Mit anderen Worten: Kinder, hört auf, die Erdölindustrie für das Problem verantwortlich zu machen, und beginnt, sie als Lösung zu sehen.

Sultan Al Jabers Wahl zum Präsidenten der COP beruhte auf seinen einwandfreien Referenzen im Umweltbereich, wie seinem Bachelorabschluss im Chemieingenieurwesen und seinem Doktortitel in Wirtschafts- und Betriebswissenschaften – eine Ausbildung, die durch ein großzügiges Stipendium der nationalen Ölgesellschaft von Abu Dhabi finanziert wurde.

In der Tat, warum sollte ein Ökologe, eine Ökologin oder ein*e Klimaforscher*in die Verhandlungen leiten? Niemand würde sich das wünschen. Besonders nicht die Entscheidungsträger*innen aus Politik und Wirtschaft.

Dr. Al Jabers Botschaft wurde großzügig weiterverbreitet, dank der 2.456 geladenen Teilnehmer*innen der Erdöl- und Gasindustrie – vier Mal mehr als noch an der COP27 und den 316 indigenen Vertreter*innen zahlenmäßig weit überlegen.

Dass den Vereinigten Arabischen Emiraten so daran gelegen war, die COP28 auszurichten, lag an der Gelegenheit, die sie ihnen bot, für Erdöl- und Gasabkommen zu werben und die fossilen Brennstoffe als Lösung der Klimakrise zu präsentieren, nicht als Ursache.

Such im Zweifelsfall bei Orwell nach einer Lösung. Erdöl, Gas und Kohle sind gut für dich, nicht die Alternativen.

Anstatt andere Optionen in Erwägung zu ziehen, fördert man lieber mit Nachdruck alternative Denkweisen. Man könnte beispielsweise den riesigen Kohletransportschiffen Namen wie „Klimagerechtigkeit“ oder „Klimaethik“ geben oder die Erdölindustrie als mögliche Retter unserer Umwelt bewerben.

Dieses Manöver wird erheblich erleichtert werden durch die Finanzierung und die Wahl von stark rechtsorientierten, klimaskeptischen Regierungen, wie wir es derzeit in Argentinien, den Niederlanden, den USA und zahlreichen anderen Ländern sehen, wo der Widerstand gegen fossile Brennstoffe zunehmend unpopulär und kriminalisiert wird.

Dass Großbritannien König Charles III. zum Zirkus um die COP28 schickte, lag daran, dass man von der Rede des Premierministers Rishi Sunak ablenken wollte, der die Abkehr seines Landes von der Klimapolitik im Bereich der Energieeffizienz ankündigte. Sunak machte sich nach seiner Rede sofort wieder auf den Weg nach London, vollkommen uninteressiert an den belanglosen Diskussionen und Verhandlungen der Konferenz.

Die neue niederländische Regierung brachte ihren Wunsch zum Ausdruck, den eingeleiteten ökologischen Wandel zu beenden, und Neuseeland erklärte, die CO_2-Steuer abschaffen zu wollen. Deutschland rief zur Beendigung aller Maßnahmen im Klimaschutzbereich auf. In

Kanada ließ die konservative Partei verlauten, dass sie, wenn sie die Wahl gewänne, die Existenz einer Klimakrise nicht anerkennen würde. Glücklicherweise unterlag sie und die siegreiche liberale Regierung ist bereit, sich von den Konservativen abzugrenzen, indem sie ... rein gar nichts unternimmt, aber im Gegensatz zu ihnen aufrichtige Besorgnis bekundet.

Während die Regierung in den USA weiterhin im Dienst der Erdölunternehmen steht. Das war schon immer so, das wird auch so bleiben.

Im Jahr 2023 wurde die COP wirksam zweckentfremdet und ist seither zu einer alljährlichen Greenwashing-Party geworden, die Bösewichte zugunsten anderer Bösewichte abhalten. Der Grund dafür ist simpel: Die Bösen haben das Geld.

Rachel Rose Jackson, Forschungsdirektorin von Corporate Accountability, sagte: „Wenn es der COP28 nicht gelingt, der Nutzung fossiler Brennstoffe ein Ende zu setzen, wissen wir, wer daran schuld ist. Wir sind wütend und wir sind es leid, immer wieder erklären zu müssen, weshalb es nicht der Industrie für fossile Brennstoffe zukommen sollte, die Klimaregeln festzulegen."

„Wir sind wütend." Das ist putzig.

Das Problem, mit dem Jackson, alle anderen NGOs, indigenen Gruppierungen und kleinen Inselstaaten konfrontiert sind, ist, dass die Mächtigen nicht einmal mehr so tun müssen, als kümmerten sie sich ums Klima. Sie schreiben die Regeln um und entwerfen die Pläne neu.

Die Folgen des Klimawandels sind auf kurze Sicht gut für die Wirtschaft. Zerstörung durch Stürme und Brände, Überschwemmungen und Dürren schaffen Gelegenheiten für die Bau- und Ingenieurbranche. Die Rüstungsindustrie profitiert von Kriegen, Massenmigration führt zu höheren Budgets für die Polizei und für Grenzkontrollen und bietet Politiker*innen eine Bühne, um die illegale Migration anzuprangern und zu kritisieren. Sie sind auf Grenzbedrohungen angewiesen, um sich Stimmen zu sichern – und die moderne Politik floriert dank Konflikten und Chaos.

Natürlich wird auf lange Sicht die gesamte Menschheit von den Folgen betroffen sein, aber unsere weltweiten Wirtschaftssysteme sind im Wesentlichen schon immer auf kurzfristige Investments mit dem Ziel einer schnellen Rentabilität ausgerichtet gewesen. Um es unverblümt auszudrücken: Die Funktionsweise der globalen Wirtschaft und Politik schürt sinnlose Gier.

Alles, was Ölbarone wie Sultan Al Jaber und die CEOs der großen Erdölfirmen tun müssen – und was sie im Übrigen auch tun –, ist, die Welt davon zu überzeugen, dass das Akzeptieren des Klimawandels allen gesunden Verstandes entbehrt und diejenigen, die an der Illusion einer Abkehr von den fossilen Brennstoffen festhalten, verrückt oder verantwortungslos sind – oder beides zugleich.

Der russische Präsident Vladimir Putin flog während der Verhandlungen in Dubai ins nahe gelegene Abu Dhabi, um bei einem kurzen Stopp seinen „guten Freund“ Scheich Mohamed bin Zayed Al Nayyan, den Präsidenten der Vereinigten Arabischen Emirate, zu treffen. Er wurde von vier russischen Sukhoi-35S-Kampflugzeugen eskortiert und in Abu Dhabi durch Straßen gefahren, die mit russischen Flaggen geschmückt waren. Während die Ukraine der COP28 beiwohnte, drehten sich die wahren Geschäfte der Vereinigten Arabischen Emirate an diesem Tag um russisches Erdöl, denn Putin war dort, um über Öl zu sprechen, nicht übers Klima, bevor er am nächsten Tag weiterflog nach Riad, um mit dem saudi-arabischen Kronprinzen Mohammed bin Salman noch etwas mehr über Erdöl zu sprechen. Alles war zeitlich perfekt abgestimmt, um zu veranschaulichen, dass das Hauptaugenmerk Russlands, Saudi-Arabiens und der Emirate auf dem Erdöl, nicht dem Klima lag.

Die COP29, die ursprünglich 2024 von Russland hätte ausgerichtet werden sollen, wurde nach Aserbaidschan verlegt. Putin nutzte die chaotische Situation in der Ukraine, um keine Konferenz ausrichten zu müssen, die im Widerspruch zu seinen wichtigeren kommerziellen Verhandlungen über Ölhandelsabkommen stand. Baku bewahrte ihn davor, als Gastgerberland Interesse für Klimafragen vorheucheln zu müssen.

Den großen Ölkonzernen gelang es, die neue Devise „petro is proficient“ zu etablieren, die im Treibsand der Vereinigten Arabischen Emirate wirksam Wurzeln geschlagen hatte.

Die COPs sind zu jährlichen, unproduktiven Zirkusveranstaltungen geworden und das wird sich so schnell nicht mehr ändern. Sie werden, genau wie die Olympischen Spiele, viel mehr für Prestige und Handelsvorteile abgehalten, als um auch nur im Entferntesten die Ursachen des Klimawandels anzugehen.

Wir kennen die Ursachen. Die Verantwortlichen ebenso. Wir wissen, was zu tun ist. Das Problem ist, dass wir weiterhin die Ursachen leugnen, die Verantwortlichen ignorieren oder sogar ermutigen und keinerlei Sofortmaßnahmen ergreifen. Wir begnügen uns lieber mit kühnen Versprechungen, die nicht ernst genommen werden können, aber von der großen Mehrheit der Öffentlichkeit dennoch geglaubt werden, da die Kommunikation von Medien kontrolliert wird, die im Dienst der Großkonzerne stehen.

Die COP28 ging am 12. Dezember 2023 zu Ende, nach endlosen Diskussionen über einen Ausstieg, phasenweisen Abbau oder eine Verminderung von Förderung und Verbrauch fossiler Brennstoffe. Sie wurde mit einem Haufen beruhigender Worte, schöner Versprechen und großer Hoffnung vertagt. 80.000 Menschen kehrten auf ihre Sitze in Linienflugzeugen oder Privatjets zurück, um wieder nach Hause zu fliegen, in einer Welt, die sich stärker erwärmt und gefährlicher wird, stärkere Stürme und häufigere Überschwemmungen und Waldbrände erlebt und von einer zunehmenden Unsicherheit hinsichtlich der Zukunft geprägt wird.

Aber keine Sorgen, die Probleme werden nächstes Jahr auf der COP29 gelöst, oder im Jahr danach, auf der CO30 in Belem, oder einer der folgenden COPs, bis es keine COPs mehr geben wird und auch nicht viel anderes – außer einer schönen neuen und sehr viel wärmeren Weltordnung.

Gemäß unseren ölokratischen Machthaber*innen besteht das Problem einzig in unseren Köpfen, denn wie es der geschätzte, unanfechtbare und äußerst privilegierte Präsident der COP28 ausdrückte: „Ich weigere mich, mich auf panikverbreitende Diskussionen einzulassen. Es gibt keine wissenschaftlichen Belege und kein glaubhaftes Szenario, die darauf hindeuten, dass uns der Ausstieg aus fossilen Brennstoffen das 1,5-Grad-Ziel erreichen lassen wird."

WIE WEITER?

Die Prioritäten der COP-Konferenzen haben sich geändert. Adelaide in Südaustralien bewarb sich darum, die COP31 im Jahr 2026 auszurichten. Hier die Grundsatzerklärung:

> *„Falls Australien auserkoren wird, muss Adelaide bereit sein, die weltweit führenden Persönlichkeiten auf dem Gebiet des Umweltschutzes zu begrüßen.*
>
> *Die COP ist mehr als nur eine Klimakonferenz; sie ist ein wirtschaftlicher Katalysator und eine Gelegenheit, den Weg für künftige Investitionen in unseren Staat zu ebnen.*
>
> *Die COP auszurichten wäre eine Chance, Südaustralien der Welt auf eine Weise zu präsentieren, wie es sie nie zuvor gegeben hat.*
>
> *Diese Veranstaltung wäre größer als Gather Round, LIV Golf, The Adelaide Festival und Adelaide Fringe zusammen."*

Mehr als nur eine Klimakonferenz! Ein wirtschaftlicher Katalysator. Eine Gelegenheit, den Weg für künftige Investitionen zu ebnen. Eine Gelegenheit, sich zu präsentieren. Ein größeres Ereignis als ein Golfturnier.

Nichts in diesem Antrag spricht die Dringlichkeit des Angehens der Klimakrise an.

Das Wort „Nachhaltigkeit“ wurde im Jahr 1992 vom damaligen norwegischen Premierminister Gro Harlem Brundtland auf der Konferenz der Vereinten Nationen über Umwelt und Entwicklung in Rio de Janeiro, Brasilien, geprägt.

Es wurde schnell zu einem Slogan für „Business as usual“ (weiterwirtschaften wie bis bisher) im Zusammenhang mit Produktmarketing.

Heute erleben wir das gleiche Phänomen bei der Vermarktung von erneuerbaren Energien. Die Priorität liegt auf der Suche nach profitablen statt nach erstrebenswerten ökologischen Lösungen.

Ein Hauptziel der COP28 war es, Mitgliedstaaten anzuhalten, sich in der nächsten Runde ihrer Klimamaßnahmenpläne (auch bekannt als Nationally Determined Contributions) bis Anfang 2025 zu ambitionierten gesamtwirtschaftlichen Emissionsreduktionszielen zu bekennen, die alle Treibhausgase, Sektoren und Kategorien berücksichtigen und mit der 1,5-Grad-Obergrenze vereinbar sind.

Verdikt im Juli 2025: Das Ziel, die Erwärmung unter 1,5 °C zu halten, ist gemäß führenden Klimawissenschaftler*innen „nicht mehr realisierbar“. Der Grund: der anhaltende Anstieg von Treibhausgasemissionen, ausgelöst durch menschliche Aktivitäten.

Die Beweise sind offensichtlich. Wir erleben in Echtzeit mit, wie unsere Emissionen die Temperaturen höher und höher treiben und auf globaler Ebene eine Katastrophe nach der anderen auslösen.

Der große Erfolg der Konferenz im Jahr 2023 war die Einigung darauf, gefährdeten Ländern und Gemeinschaften Fördergelder zur Verfügung zu stellen. Man hat die Versprechen und Zusagen vervielfacht, aber im März 2025 zogen sich die USA aus dem Abkommen zurück und stellten damit auch ihre Finanzierung ein. Die Beiträge der anderen Länder haben sich als gänzlich unzureichend erwiesen.

Die COP-Konferenzen haben für die Gastgeberländer mittlerweile mehr Bedeutung als Gelegenheit für Prestigegewinn und wirtschaftliche Investitionen erlangt denn als seriöse Foren zur Bewältigung der sich verschärfenden Klimakrise.

DIE GESETZE NEMOS

„Ich bin nicht, was Sie einen zivilisierten Menschen nennen! Ich habe völlig mit der Gesellschaft gebrochen, aus Gründen, die zu bewerten ich allein das Recht habe. Ich gehorche ihren Gesetzen daher nicht und ich wünsche, dass Sie mir gegenüber nie wieder auf sie anspielen."
KAPITÄN NEMO in *20.000 Meilen unter dem Meer* von Jules Verne

Kapitän Nemo war der große fiktive Held meiner Kindheit. Ich beneidete seine Freiheit, nicht nur jene, die Unterwasserwelt durchstreifen zu können, sondern auch seine komplette Losgelöstheit vom Irrsinn seiner Art. Er war frei zu wählen, auf wessen Seite er stehen wollte – jener der Menschen oder jener der Tiere –, und er verstand, dass die freie und ehrliche Welt der wilden Natur den Widersprüchen und Täuschungen des *Corpus Iuris Civilis*, der von Menschen verfassten anthropozentrischen Sammlung von Gesetzen, vorzuziehen ist.

Nemo verstand, dass das eine große Merkmal, das der Menschheit erlaubte, die Natur zu dominieren, uns eines Tages auch zerstören wird: unsere bemerkenswerte Fähigkeit, uns an eine sich verändernde Umwelt anzupassen. Diese Eigenschaft erlaubte uns, die letzte große Eiszeit zu überleben. Dank ihr bevölkern wir alle Kontinente der Erde. Wir rotteten die Arten aus, die uns dabei im Weg standen, und gestalteten selbst Landschaften um, wo sie unseren Wünschen nicht entsprachen.

In unserem Streben nach territorialen Eroberungen haben wir den Planeten „anthropozentriert" und in Einklang gebracht mit den einseitigen Gesetzen der Menschheit. Wir haben Hundertmillionen Arten ihr Zuhause gestohlen und für uns selbst beansprucht. Es gibt keinen Ort, der zu tief, zu trocken, zu feucht, zu hoch, zu verlassen ist, als dass wir nicht in ihn eingefallen wären, und keinen Ort, den wir nicht für Profit oder zu unserem Vergnügen auszubeuten versucht haben.

Vor langer Zeit vergaßen wir etwas Essenzielles: Ohne Tiere und Pflanzen hätten wir Menschen überhaupt nichts. Es ist die Verflechtung allen Lebens, des tierischen und des pflanzlichen, die uns erlaubt, am Mysterium des Lebens teilzunehmen. Mit jedem Aussterben und jeder Ausrottung einer Art, mit jedem Verlust eines Lebensraums schmälert sich unsere ökologische Überlebenschance und bringt uns dem Tag unseres eigenen Untergangs näher.

Unsere Art besitzt eine Handvoll Fähigkeiten, die uns erlauben, uns einfach – vielleicht zu einfach – anzupassen. Dank ihnen überstanden wir Kriege, Hungersnöte, Seuchen, Naturkatastrophen und persönliche Tragödien. Wir sind Überlebenskünstler.

Die erste Fähigkeit ist unser Vermögen, schnell zu vergessen. Es erleichtert einen Start in ein neues Leben.

Die zweite Fähigkeit ist, ganz in der Gegenwart zu leben, ohne uns allzu viele Sorgen um Langzeitkonsequenzen zu machen. Sie erlaubt uns zu nehmen, was wir gerade benötigen, wo und wann wir es auch brauchen.

Diese Fähigkeiten kamen uns sehr zugute, als wir noch in einer Welt lebten, in der unsere Anzahl niedrig und die Ressourcen reichlich vorhanden waren. Wenn wir alle Tiere in einem Gebiet getötet oder alle Pflanzen darin aufgegessen hatten, konnten wir einfach weiterziehen zum nächsten Jagd- und Sammelgebiet. Nachdem wir ihn verlassen hatten, erholte sich der einst geplünderte Lebensraum von selbst wieder.

Die dritte Eigenschaft teilten wir mit Wölfen und Hyänen: die Fähigkeit, im Rudel zu jagen und zu kooperieren. Bei uns wurden die Rudel zu Stämmen und diese entwickelten sich zu Nationen. Das Problem ist, dass Stammessysteme nicht mehr funktionieren, wenn es keine neuen Gebiete mehr zu entdecken gibt, wenn keine Möglichkeit besteht, zu grünerem Weideland aufzubrechen. Alle Weiden sind besetzt. Und obwohl wir in unserer großen

Zahl den gesamten Globus bevölkern, glauben wir nach wie vor an die Verschiedenheit unserer Kulturen. Dieses Getrenntsein ist der Nährboden für anhaltende Konflikte und Vorurteile. Wir sehen uns nicht als die eine Art *Homo sapiens*; wir sehen Hunderte verschiedene rivalisierende Unterarten.

Heute sind wir auf dem Planeten Erde durch farbige Flaggen voneinander getrennt und mittels lächerlicher geometrischer Linien quer durch Land und Meer haben wir uns Menschen unterteilt. Wir benötigen Pässe, um diese Linien zu überqueren, die in der natürlichen Welt gar nicht existieren, und müssen diese Pässe obendrein von der Regierung kaufen.

Wenn wir eine dieser erfundenen Linien überschreiten, wechseln wir von einem Gefängnis in ein anderes, wo wir uns an die Eigentümlichkeiten einer weiteren Gesetzessammlung anpassen müssen, die von einer weiteren Gruppe Menschen verfasst wurde, welche uns kontrollieren will.

Deshalb bin ich so gerne auf See. Nur inmitten der großen, salzigen Weite, fernab vom Land und dem Menschengestank, findet sich noch ein Hauch von Freiheit. Auf dem Land existieren wir bloß und kommen nicht umhin, uns an die Regeln zu halten, die uns für unser Überleben auferlegt wurden.

Gezwungen, in einem begrenzten Lebensraum zu leben, beginnen wir, uns an dessen Verarmung zu gewöhnen. Wir beginnen, die Verarmung einfach als den Lauf der Dinge zu akzeptieren, und weil es uns so leichtfällt zu vergessen, glauben wir schon bald, dass er schon immer verarmt war. Wir erhalten diesen Mythos aufrecht, indem wir uns fortwährend selbst überzeugen, dass unser Leben reicher und sicherer ist als die unserer Vorfahren, und wir malen uns ebenfalls ein reicheres und bequemeres Leben aus für die Kinder unserer Kinder.

Ein Beispiel: Hätte ich Leuten im Jahr 1965 prognostiziert, dass sie in 30 Jahren Wasser in Flaschen kaufen würden, hätten sie mich für verrückt gehalten. Hätte ich angefügt, dass das Wasser mehr kosten würde als das gleiche Volumen an Benzin, hätten sie mir ins Gesicht gelacht. Inzwischen akzeptieren wir, dass dem so ist. Wasser wird in Flaschen und Kanistern verkauft in einem Industriesektor, der jedes Jahr Milliarden Dollar an Gewinn einfährt. Wasser wurde wertvoller als Benzin. Wir passten uns daran an, ohne uns dessen bewusst zu sein. Gleichzeitig haben wir die Zeit vergessen, als das Wasser noch klar war, als wir es direkt aus dem Hahn trinken konnten oder aus einem Brunnen oder einem Bergbach.

Es gab einst eine Zeit, in der wir uns keine Sorgen über Giftstoffe in Fleisch und Fisch machen mussten oder darüber, welchen Pestiziden, Herbiziden und Strahlung unser Gemüse ausgesetzt war. Auch diese Epoche haben wir vergessen.

Und so machen wir weiter, akzeptieren stets weniger und glauben es sei mehr. Wir haben Qualität durch Quantität ersetzt. Gleichzeitig hat die schiere Quantität menschlichen Lebens auf diesem Planeten die Qualität unseres Lebens herabgesetzt.

Für die, die keinen Ausweg aus dieser Situation sehen, bleibt nur der Weg der Frustration, der Wut oder des Wahnsinns. Wir tun jeden Vorfall als Anomalie ab und bemerken nicht, dass die Anomalien immer mehr zur Norm werden. Die alltägliche Gewalt gegenüber nichtmenschlichem Leben – Tieren und Pflanzen – und Lebensräumen ist so weit verbreitet und häufig, dass wir sie als Teil der Lebenswelt akzeptiert und uns an sie angepasst haben. Wir haben die unzähligen Lebewesen vergessen, die unsere Art vernichtet und für immer von unserem Planeten getilgt hat.

Wir haben vergessen, dass vor nur 300 Jahren Belugawale im Long Island Sound lebten. Heute klammern sich ein paar Hundert Belugas in einem Zufluss des Sankt-Lorenz-Stroms ans Leben, während die restlichen Tiere auf die Hocharktis begrenzt sind, wo sie weiterhin gejagt werden. Wir haben vergessen, dass Walrosse einst an den Küsten Nova Scotias und Maines ruhten und sich fortpflanzten. Heute lebt kein Walross mehr im Atlantik. Wir haben vergessen, dass der Eisbär, auch Polarbär genannt, erst seit Kurzem ausschließlich mit der Polarregion assoziiert wird. Vor 200 Jahren hieß er einfach Weißer Bär und kam im östlichen Kanada und bis hinunter nach New England häufig vor.

Wir alle haben von der Ausrottung der zig Millionen Bisons der Western Plains gehört, aber wie viele von uns erinnern sich an die östlichen Bisons, die in großen Herden zwischen den Großen Seen und Georgia hin und her zogen? Sie waren größer als ihre westlichen Cousins und ihr Fell war wunderschön, ein sattes Kohleschwarz. Die letzte große Herde wurde in den White Mountains des Union County in Pennsylvania während des harten Winters von 1799 bis 1800 niedergestreckt, als sie sich hilflos im tiefen Schnee zusammendrängte. Im darauffolgenden Jahr wurden ein Bulle, eine Kuh und ein Kalb im selben Verwaltungsbezirk gesichtet. Ein Bauer erschoss den Bullen umgehend. Es war die allerletzte Sichtung im County. Der letzte Bison in West Virginia wurde 1815 getötet. Eine Kuh und ihr Kalb, die 1825 gesichtet wurden, wurden ebenfalls erschossen. Seither gab es keine weitere Sichtung. Die einst mächtigen Herden des *Bison bison pennsylvanicus* wurden für ausgestorben erklärt.

Wir haben vergessen, dass es einst auch einen Oregon-Bison gab. Er war größer als die Bisons der Prärie und hatte breitere, geradere Hörner. Der *Bison bison oregonus* wurde 1850 für ausgestorben erklärt. Heute ist den wenigsten im Staat Oregon bewusst, dass es den Oregon-Bison überhaupt einst gab.

Meerestieren erging es nicht besser. Die erstaunlichste aller Seekühe – ein Goliath verglichen mit dem Manati, Leviathan im Vergleich zum Dugong – die Stellers Seekuh, wurde innerhalb von wenigen Jahren nach ihrer Entdeckung durch die Russen abgeschlachtet. 1767 gab es sie nicht mehr und heute ist sie fast vollkommen in Vergessenheit geraten.

Wenige Leute haben je vom Seenerz gehört. Dieser einst weit verbreitete Bewohner der Küsten von Maine und Nova Scotia war ganze 25 cm länger als der Amerikanische Nerz und sein Pelz war dichter, was sein Todesurteil besiegelte. Der letzte Pelz eines *Mustela macrodon* wurde 1880 an einen Pelzhändler in Jonesport, Maine, verkauft. Seither wurde keines der Tiere mehr gesehen.

Der Atlantische Grauwal wurde auf so radikale und gedankenlose Weise ausgelöscht, dass man ihn während vieler Jahre danach für einen Mythos hielt – das Schlachten war vergessen worden. Vor dem Verschwinden der Grauwale hatten die Basken bereits die letzten Glattwale des Golfs von Biskaya ausgelöscht. Der Atlantik, einst das Meer der Wale genannt, musste im Laufe der letzten Jahrhunderte die Ausrottung dieser sanften Riesen miterleben. Und das Töten geht weiter: Norwegen schlachtet Zwergwale, die Färöer-Inseln schlachten Grindwale und Island tötet Hunderte gefährdete Finnwale.

Und natürlich dürfen wir die Fische nicht vergessen. Allein im Laufe des letzten Jahrhunderts rotteten wir Menschen Hunderte von Fischarten aus. Die meisten Leute haben nie davon gehört. Längst vergessen sind ihre Namen – Parras-Kärpfling, Utah-Groppe, Raubkärpfling des Titicacasees, *Gila crassicauda* oder Neuseeländischer Forellenhechtling. Niemand von uns wird sie je zu Gesicht bekommen. Wenn hingegen Fischarten, die für uns einen kommerziellen Wert haben, am Rande der Ausrottung stehen, machen wir uns Sorgen und suchen nach Sündenböcken. Bald werden wir wahrscheinlich das Verschwinden des Blauflossen-Thunfischs miterleben, des Granatbarschs, des Silberlachs und vieler weiterer Arten. Wir werden Robben die Schuld geben, Seevögeln, dem Wetter, sich verändernden klimatische Bedingungen, allem, außer uns selbst.

Wir rennen wie Unschuldige in unser Verderben, freigesprochen von aller Schuld, getröstet durch den Gedanken, dass entweder Gott oder die Technologie uns retten wird.

Wenn wir nicht direkt umbringen, zerstören wir indirekt durch chemische Verschmutzung. Die heute vielgeliebten Orcas, die allerdings erst spät und nach Jahren der Verfolgung unsere Bewunderung fanden, sind im Nordwestpazifik stark durch die Verschmutzung bedroht; ihre Population nimmt rapide ab. Und was tun wir? Wir setzen uns an den Strand und zählen sie, lernen, ihre Rückenfinnen zu unterscheiden, machen uns Notizen zu ihrem Verhalten und bitten die Regierung inständig, etwas zu unternehmen, um sie zu schützen. Trotzdem rühren nur sehr wenige Menschen einen Finger, um diese Zerstörung aufzuhalten.

Der verstorbene, große, misanthropische Schriftsteller Edward Abbey schrieb einst: „Es genügt nicht, die natürliche Welt zu verstehen: Es geht darum, sie zu schützen und zu bewahren." Und dennoch unternehmen wir nicht das Geringste, um die Natur zu verteidigen.

Warum? Weil die Natur für uns eine Abstraktion ist. Sie ist nicht Teil unseres Wertesystems. Wäre sie es, würden wir für sie kämpfen; wir würden nicht einmal zögern, zu töten, um sie zu verteidigen.

Seid nicht schockiert. Seit Tausenden von Jahren haben Menschen im Namen ihrer Glaubensvorstellungen, die allesamt von anthropozentrischen Werten geprägt sind, andere getötet oder, genauer gesagt, ungeheure Massaker verübt. Menschen brachten im Namen des Friedensfürsten Millionen Menschen um und hielten die Rechtfertigungen davon in einem von unseren verschiedenen Göttern genehmigten Buch fest.

Es war diese Welt, der Nemo entkommen wollte; und die anthropozentrischen Werte seiner Zeit sind heute um ein Vielfaches verstärkt. Jules Verne schrieb seinen Klassiker lange vor dem letzten Jahrhundert – in einer Zeit, die geprägt war von den blutigsten und grausamsten Kriegen der Geschichte, in denen Hunderte Millionen „normale" Menschen von anderen „normalen" Menschen niedergemetzelt wurden. Er schrieb ihn in einer Zeit, in der die menschliche Weltbevölkerung unter 2 Mrd. lag und der berüchtigtste Serienmörder des Jahrhunderts, Jack the Ripper, sechs von ihnen tötete.

Wir sind inzwischen 8 Mrd. Menschen; noch im Jahr 1950 waren es bloß 3 Mrd. Müssen wir von 12 Mrd. im Jahr 2050 ausgehen, 24 Mrd. im Jahr 2100? Die Gesetze der Ökologie sprechen dagegen. Das Gesetz der endlichen Ressourcen besagt, dass dem Wachstum Grenzen gesetzt sind. Diese Grenzen werden von der Tragfähigkeit der Ökosysteme bestimmt, die uns versorgen. Gegenwärtig stehlen wir durch unser Wachstum die Tragfähigkeit von anderen Arten, was das Artensterben verschärft. Dies wiederum führt uns zum Gesetz der Biodiversität: Die Stabilität eines Ökosystems hängt von seiner Artenvielfalt ab. Und dieses Gesetz ist mit einem dritten verbunden, jenes der gegenseitigen Abhängigkeit, das besagt, dass wir für unser eigenes Überleben vollständig von der Existenz anderer Arten abhängig sind.

In der Geschichte des Lebens auf diesem Planeten überlebte keine einzige Art und ich meine wirklich absolut keine einzige, ohne diese drei Gesetze zu befolgen.

Überbevölkerung führt zu einem Verlust von natürlichen Lebensräumen, was zu abnehmender Artenvielfalt und dem Verschwinden funktionsfähiger Ökosysteme führt, die uns das Leben ermöglichen. Die Folge davon ist zwangsläufig ein Zusammenbruch.

Und was bedeutet ein Zusammenbruch? Eine weitere Abstraktion, zweifellos, aber eine mit beängstigenden Auswirkungen: Hungersnot, brutale Konkurrenz um Ressourcen, Pandemien, Wasserknappheit und eine Verrohung der Menschheit, die sich gegenüber uns selbst entlädt, nicht länger hauptsächlich nur gegenüber Opfern, über die wir uns selten Gedanken machen – die, die dem abstrakten biozentrischen Reich entstammen, in dem alle anderen Arten existieren.

Der Dichter Leonard Cohen schrieb einst: „Wir sind in unserem Leid verloren und unsere Freuden besiegeln dies." Wir haben einen ganzen Industriezweig erschaffen, um unsere Aufmerksamkeit von den reellen Bedrohungen wegzulenken, die uns bedrücken. Unterhaltet uns, haltet uns bei Laune, aber lasst uns nicht der Realität ins Auge blicken, dass wir letztendlich selbst unsere schlimmsten Feinde sind. Sogar die Realität des Internets wird alle Relevanz verlieren, wenn die Fähigkeit unserer Erde, uns zu nähren, zerstört ist.

Das ist der Weg, den Nemo wählte: Er kehrte zurück in die Welt, in der die Gesetze der Ökologie noch von Bedeutung waren, und er tat, wozu Ed Abbey geraten hatte. Er verteidigte die Natur gegen die Menschheit. Am Ende unterlag er und vielleicht werden auch wir, die in seine Fußstapfen treten, scheitern, aber wenn es so kommt, werden wir zumindest nicht dem Vorbild von T.S. Eliots Strohmännern folgen: Wir werden mit einem Knall abgehen, nicht mit einem Wimmern.

Als biozentrischer Umweltschützer beschäftigt es mich weniger, wie die Welt in 100 Jahren aussehen wird, als wie sie in 1000 oder 1 Mio. Jahren aussehen wird. Was ist ein Jahrtausend schon für die Erde? Kaum mehr als ein Wimpernschlag. Eines bin ich mir sicher: Die Erde, ihr Land und ihre Ozeane, werden fortbestehen, lange nachdem jede Erinnerung an die Menschheit spurlos verschwunden ist. Unsere Steingebäude werden zerfallen, unsere Eisenkonstruktionen verrosten und zu Staub zerbröseln, unsere großen Kunstwerke werden verfaulen und vergehen und unsere Musik wird verklingen.

Unser einziges Vermächtnis, das Bestand haben wird, wird nicht darin bestehen, was wir erschaffen haben, sondern darin, was wir nicht zerstört haben. Und so teile ich, wie Nemo, die Überzeugung, dass das nobelste Vorhaben im Erhalt von Arten und der Artenvielfalt liegt. Eine Vogel- oder Insektenart, die wir heute vor unserem Zerstörungswahn retten, könnte überleben und sich in Zukunft zu einer anderen Lebensform entwickeln. Das ist eine Errungenschaft, die Millionen Jahre überdauern wird.

Kapitän Nemo stand auf Seiten der Meerestiere und der Gesetze der Ökologie. Und so lehnte er die menschlichen Gesetze ab, jene geschriebenen Gesetze, die Profit und Besitztum über das Leben stellen und den Wert von Nationen über jenen der Natur. Das war Nemos Gesetz und vielleicht hatte er ja recht. Und wir anderen, alle 8 Mrd. anderen, haben unrecht. Es lohnt sich auf jeden Fall, darüber nachzudenken.

Menschliche Gesetze kann man brechen, auch wenn das manchmal schwere Konsequenzen hat für die, die es wagen. Verstoßen wir jedoch gegen die Gesetze der Natur, hat das Folgen für die gesamte belebte Welt, denn jeder Teil der Natur ist mit jedem anderen Teil eng verbunden.

> *„Das Meer ist alles. Es bedeckt sieben Zehntel des Erdballs. Sein Atem ist rein und gesund. Es ist eine ungeheure Wüste, in der der Mensch niemals einsam ist, denn er fühlt, wie sich rund um ihn herum das Leben regt. Das Meer ist nur die Verkörperung eines übernatürlichen und wundervollen Daseins. Es ist nichts als Liebe und Gefühl; es ist das ‚lebendige Unendliche', wie einer Ihrer Dichter einst sagte."*
> KAPITÄN NEMO in *20.000 Meilen unter dem Meer* von Jules Verne

LEHREN

DER FEURIGE UNTERGANG LĀHAINĀS

Ein ähnliches Schicksal könnte eine Stadt in deiner Nähe erleiden!

Ich habe sehr schöne Erinnerungen an Lāhainā. Ich besuchte die Stadt zum ersten Mal 1976 als Erster Offizier der *Greenpeace Vii*. Wir wurden herzlich willkommen geheißen und die Menschen von Lāhainā unterstützten uns großzügig. Es war eine hübsche Stadt mit einer tausendjährigen Geschichte, in der sie unter anderem Hauptstadt für König Kamehameha I. von Hawaii war. Aber sie hatte auch eine düstere Vergangenheit als Walfängerstadt.

Seit 1976 habe ich geraume Zeit auf den hawaiianischen Inseln verbracht, auf Maui, Oahu, Kuai und vor allem auf Molokai. Ich habe den Rückgang von Leben sowohl an Land als auch im Meer in diesem Archipel miterlebt, in dem es zu den größten Artensterben auf dem Planeten gekommen ist.

Invasive Arten wie Schweine, Hühner, Ratten, Moskitos und natürlich die invasivste aller Arten, wir Menschen, haben die Ökosysteme Hawaiis geschwächt, was die bereits prekäre Situation aufgrund des Klimawandels zusätzlich verschlimmerte. Die Zerstörung, die sich daraus ergab, ist ein Vorbote von dem, was auf uns zukommen wird.

Eine Kombination aus Dürre, trockenen Gräsern und starken Winden löste im August 2023 ein feuriges Inferno aus.

Mit dem Anthropozän begann auch das Zeitalter des Pyrozäns. Orte, die wir einst für sicher vor Flächenbränden, Überschwemmungen und Stürmen hielten, sehen sich zunehmend Katastrophen ausgesetzt, die nichts Natürliches an sich haben.

Hawaii ist bekannt als Welthauptstadt des Artensterbens. Tatsächlich sind seit der Ankunft der Menschen 95 von 147 Vogelarten ausgestorben, und das nicht nur in längst vergangenen Zeiten. Die letzte bekannte wilde hawaiianische Krähenart wurde erst 2002 von der IUCN für ausgestorben erklärt.

Ökosysteme sind durch ihre Artenvielfalt geschützt, aber der Artenreichtum in Hawaii wurde geradezu verwüstet und mit dem Biodiversitätsverlust gehen auch die Wechselbeziehungen drastisch zurück. Die Abnahme beider führt zu einem ökologischen Zusammenbruch.

Überall auf der Welt werden wir eine Zunahme von Lauffeuern, Waldbränden, Überschwemmungen, Schlammlawinen und Stürmen sehen. Vermont, wo ich lebte, war bis vor Kurzem relativ sicher – bis zu den jüngsten Überschwemmungen. Waldbrände werden aber in Zukunft eine noch größere Bedrohung sein.

Unsere Untätigkeit angesichts des Klimawandels führt zu immer verheerenderen Folgen, die sich im Laufe der Jahre weiter verschlimmern werden.

Wir sehen das Problem und tun nichts, um es anzugehen.

Wir alle wollen Veränderungen, aber wir wollen uns nicht ändern.

Unsere Realitätsverleugnung wird uns schlimmes Leid bescheren.

Mindestens 102 Menschen starben in den Lauffeuern in Lāhainā und Tausende verloren ihr Zuhause. Ich bin mir sicher, dass sie beim Erwachen am Morgen des Tages, an dem sie starben, an alles andere dachten als daran, dass sie heute in einem sengenden Flammenmeer sterben könnten, mitsamt ihrer Stadt.

Wie viele weitere von uns werden noch eines Morgens aufwachen und auf unerwartete Weise das Ende des Tages nicht mehr miterleben, weil sie in Fluten oder Waldbränden umkommen?

Für andere wird der Tod langsam kommen, in Form von tödlichem Durst und Hunger, weil Klimawandel und Artenschwund unsere Kulturpflanzen und Ökosysteme vernichten werden.

Kurz nach dem Feuer von Lāhainā wüteten in Griechenland etwa 80 Lauffeuer. Sieben Menschen starben, 20 wurden verletzt.

Vierzig Menschen starben, als vor Kurzem Lauffeuer durch Algerien, Italien und Portugal fegten.

Die weltweit steigenden Temperaturen und dramatisch veränderten Wettergeschehen lassen Australien, Kalifornien und so viele weitere Orte Tod und Zerstörung erleben.

Die Lauffeuer in Pacific Palisades und San Diego im Januar 2025 töteten 440 Menschen und zerstörten über 6.000 Gebäude. Ich habe Jahre zuvor gesagt, dass eine Stadt in der Wüste, die unter Dürren leidet, zu einem wahren Pulverfass werden würde, falls die jährlichen heißen Santa-Ana-Winde Flammen anfachen würden.

Und trotzdem werden wir in Reaktion wieder an den gleichen Orten bauen, die weiterhin den gleichen Bedingungen ausgesetzt sind. „Was sollen wir sonst tun?", fragte einer der Bewohner, der sein Haus verloren hatte.

Es ist ein unlösbares Problem. Und der einzige Weg, ein unlösbares Problem zu lösen, besteht darin, eine unmögliche Lösung zu finden – was nur gelingt, wenn wir alle unsere persönliche Leidenschaft, unseren Mut, unsere Entschlossenheit und unsere Vorstellungskraft mit einbringen.

Es ist eine schwierige Aufgabe, die zusätzlich erschwert wird durch jüngste Maßnahmen der Regierung, die darin bestehen, das Problem zu leugnen und mit massivem Polizeieinsatz gegen Klimaaktivist*innen vorzugehen.

Die Botschaft von den Regierungen lautet: aushalten, nicht nachfragen und sterben.

Die repressiven Gesetze, die derzeit verabschiedet werden, senden die Botschaft, dass Widerstand zwecklos ist. Das ist inakzeptabel und wenn die Konsequenzen Geld- und Gefängnisstrafen sind, dann ist das eben so.

Inhaftiert und finanziell bestraft zu werden, ist dem Ertrinken, dem Verhungern oder dem Feuertod vorzuziehen.

DIE IRONIE VOM BURNING MAN

Was gäbe es für ein besseres Beispiel als das Burning-Man-Festival, um die Widersprüchlichkeiten des Klimawandels zu illustrieren?

Burning Man, 1986 ins Leben gerufen, ist ein amerikanisches, soziales Phänomen. Viele Leute mögen es, viele sind involviert, und als soziales Ereignis ist es relativ harmlos, künstlerisch bildend und macht großen Spaß – eine Art Fantasiespielplatz für Millionäre.

Burning Man wurde auf folgenden Grundsätzen gegründet: radikale Inklusion, der Brauch des Schenkens, Dekommodifizierung, Selbstversorgung, radikale Selbstentfaltung, gemeinschaftliches Engagement, bürgerliche Verantwortung, die Verpflichtung, keine Spuren zu hinterlassen, Mitbestimmung und Unmittelbarkeit.

Alles berechtigte moralische Grundsätze, doch es bestehen gleichzeitig eklatante Widersprüche wie die Nutzung von Privatjets durch privilegierte Teilnehmer*innen, Einwegplastik, der weitverbreitete Einsatz von gasbetriebenen Generatoren und der sehr liberale Einsatz von Propangas bei Veranstaltungen.

Fairerweise muss gesagt werden, dass sich die Veranstalter dessen bewusst sind und versuchen, diese Dinge anzugehen, ohne die Atmosphäre des Festivals damit zu beeinträchtigen. Es ist nicht einfach.

Das erste der elf Prinzipien des Festivals lautet: radikale Inklusion, das dritte: radikaler Selbstausdruck.

Am Montag, den 31. August 2023, fand eine Demonstration von Klimaaktivist*innen auf der Straße statt, die zum Festivalgelände in der Wüste führt.

Die Teilnehmer*innen der Protestaktion, die von der Seven Circles Group und Extinction Rebellion organisiert wurde, blockierten die Straße gewaltlos mit einem Anhänger, Schildern und ihren Körpern.

Als sich die Autokolonne über mehrere Kilometer zu stauen begann, wurden viele der Anreisenden wütend. Die Polizei wurde gerufen, die Demonstrierenden hart angegangen und die Blockade entfernt.

Nichts davon kam unerwartet für die Demonstrierenden – verhaftet und von der Polizei verprügelt zu werden, ist nichts Ungewöhnliches für Klimaaktivist*innen.

Was ich allerdings erschreckend fand, waren der Hass und die Wut derjenigen, die sich von den vorübergehen Unannehmlichkeiten gestört fühlten, und die Welle von Kommentaren in den sozialen Medien, die die Polizei dafür lobten, hart gegen die Demonstrierenden vorgegangen zu sein, und die verlangten, diese zu inhaftieren oder sogar zu erschießen.

Wie konnte man es wagen, gegen Burning Man zu protestieren?

Was mir auffiel war, dass die Fahrzeuge problemlos von der Straße ab- und um die Protestierenden hätten herumfahren können. Oder sie hätten den Protest einfach abwarten und sogar über die Beweggründe nachdenken und die Aktion als legitime Form von sozialem Protest im Geiste von Burning Man unterstützen können.

Tatsächlich war die von Extinction Rebellion und Seven Circles organisierte Blockade vielleicht die bedeutendste und authentischste unter allen Darbietungen, Mitmachaktionen und Beiträgen aus Kunst und Kreativität bei diesem Burning Man.

Der Protest entsprach voll und ganz den Grundsätzen von radikaler Inklusion und radikaler Selbstentfaltung. Er passte auch wunderbar zu den Prinzipien des gemeinschaftlichen Engagements, bürgerlicher Verantwortung, Mitbestimmung und Unmittelbarkeit.

Konsequenterweise hätten die Festivalteilnehmer*innen den Protest begrüßen, das Engagement der Demonstrierenden loben und ihre Wut gegenüber der Polizei ausdrücken müssen, als diese grob wurde.

Sie taten nichts dergleichen. Keine der betroffenen Personen sprang den Aktivist*innen zur Seite. Viele waren empört darüber, dass jemand es wagte, gegen ein Festival zu protestieren, welches sich stolz zum Klimawandel und zu ökologischen Werten bekennt.

Die wütenden Festivalbesucher*innen wollten die Botschaft nicht hören oder darüber nachdenken. Lieber lenkten sie ihre Wut auf die Demonstrierenden um, zu denen auch aktive Burning-Man-Teilnehmer*innen gehörten.

Straßenblockaden im Namen des Klimawandels machten Menschen wütender als die verheerenden Lauffeuer in Lāhainā, die Überschwemmungen in Kalifornien, die in Spanien, Griechenland und Italien lodernden Waldbrände und die immer heftigeren Wirbelstürme, die Küstengemeinden heimsuchten.

Solche Dinge sind für die meisten Menschen weit weg, bis die eigene Gemeinschaft direkt betroffen ist.

Was die Burning-Man-Community am 31. August 2023 traf, war eine Straßenblockade und die Teilnehmer*innen waren sauer. Glücklicherweise – nach Auffassung vieler Teilnehmer*innen – intervenierte die Polizei mit derselben Härte, die sie auch schon gegenüber Waldschützer*innen und Demonstrierenden gegen Ölpipelines angewandt hatte. Schließlich ist Burning Man für lokale Gemeinschaften sehr lukrativ.

Die Polizei wurde zum Helden und die Aktivisten und Aktivistinnen zu Bösewichten.

Nun ein Sprung vorwärts zum Samstag, dem 2. September 2023.

Zehntausende Burning-Man-Teilnehmer*innen steckten in der Wüste fest, nicht in der Lage abzureisen, weil sintflutartige Regenfälle ihre Wüste in einen Sumpf aus dickem, zähem Schlamm verwandelt hatten. Die unerwartete Niederschlagsmenge von 1,27 cm inmitten der Wüste setzte dem Fest ein Ende.

Der Klimawandel versetzte dem Burning Man einen herben Schlag. Autos konnten sich nicht bewegen, der nächstgelegene Flughafen war geschlossen. Die Veranstaltung selbst wurde abgebrochen. Es dauerte drei Tage, bis Tausende in ihren Fahrzeugen in einer Art Massenexodus das Gelände verlassen und sich einen Weg durch den Schlamm bahnen konnten.

„Regenfälle der vergangenen 24 Stunden haben eine Situation geschaffen, die einen vollständigen Stopp des Fahrzeugverkehrs auf der Playa erforderlich machte", teilte das U.S. Bureau of Land Management, die Behörde, die das Festivalgelände verwaltet, in einer Stellungnahme mit. „Es wird über die nächsten Tage noch mehr Regen erwartet und die Bedingungen dürften sich nicht so weit verbessern, dass Fahrzeugen erlaubt werden kann, die Playa zu befahren."

Genau um diese Art Phänomene zu verhindern, hatten Extinction Rebellion und die Seven Circle Group protestiert.

Der Klimawandel ist real, Überschwemmungen in Wüsten sind real. Es war das erste Mal seit Gründung des Festivals, dass die Feuer des Burning Man durch Regen und Schlamm gelöscht wurden.

Aber hey, die heldenhaften Polizist*innen hatten die Demonstrierenden ihre Schlagstöcke spüren lassen, ganz zur Freude und zum Vergnügen der Leute, deren gutes Gewissen beinahe von einer Botschaft erschüttert worden wäre, der sie zwar im Prinzip zustimmten, die sie sich in der Praxis aber weigern zu würdigen.

Der Klimawandel ist ernst, außer wenn er die gewohnte Tagesordnung durcheinanderbringt. Viele Leute wollen Veränderung, wollen sich aber nicht ändern müssen – bis ein Wirbelsturm, ein Tornado, ein Wandbrand oder Überschwemmungen ihre Häuser zerstören.

ANPASSUNG AN DIE VERARMUNG

EIN KIND GROSSZIEHEN IN ZEITEN DER UNTERGANGSSTIMMUNG

Vor Kurzem war ich das Ziel einer Welle moralisierender Kritik vonseiten von Personen, die mir zur Last legten, dass ich Vater bin.

Hier ein paar der Anschuldigungen:

Wie konntest du ein Kind in eine Welt setzen, wenn wir am Rande eines ökologischen Kollapses stehen?

Wie kannst du Umweltschützer sein und gleichzeitig zur Überbevölkerung beitragen?

Warum hast du kein Kind adoptieret, anstatt eins zu zeugen?

Du bist zu alt, um ein Kind zu haben.

In deinem Alter sollte man wissen, dass man kein Kind mehr zeugen soll.
Du behauptest, die Überbevölkerung stelle eine Gefahr für den Planeten dar, und doch hast du ein Kind. Wie rechtfertigst du das?
Wie kannst du wissen, dass deine Kinder nicht verantwortungslos sein werden?

Was mir auffiel war, wie gehässig, derb und beleidigend viele dieser Bemerkungen waren.

Es gibt in der Tat eine Bewegung von Personen, die gegen die Fortpflanzung sind, und ich respektiere ihre Wahl. Ein Kind zu bekommen, ist nicht für jede*n das Richtige.

Sieht die Zukunft beängstigend aus? Ja, sehr.

Werden Kinder, die heute zur Welt kommen, überhaupt noch eine Zukunft haben? Ich hoffe es. Ich bin kein Fan vom Aussterben, einschließlich des unseren.

Zuerst zum Thema der Adoption: Warum ich kein Kind adoptiert habe? Ich hatte es tatsächlich einmal versucht. Es war ein bürokratischer Albtraum und im Endergebnis wurde mir mitgeteilt, dass ich durch meinen Beruf als Umweltschützer und meine Vergangenheit als Aktivist als Elternteil nicht infrage käme. Ich bin absolut für Adoption, aber nicht, wenn sie außerhalb der Grenzen der Praktikabilität liegt und Konformität erfordert. Adoptionsvermittlungsstellen wollen Eltern, die sie als traditionell geeignet erachten, und das mag in Ordnung sein, aber für mich war sie dadurch keine Option.

Bin ich zu alt, um ein Kind zu zeugen? Möglicherweise. Ich habe drei Kinder. Meine Tochter kam zur Welt, als ich 29 Jahre alt war, mein erster Sohn, als ich 65 war. Mein zweiter Sohn wurde geboren, als ich 70 war. Der Unterschied ist, dass ich heute viel mehr Zeit und Erfahrung habe als 39 Jahre zuvor. Meine Frau wollte ein Kind und ich liebe meine Frau, aber ich hatte auch das Gefühl, mich in einer Lage zu befinden, in der ich mich ganz der Erziehung eines Sohnes widmen konnte.

Meine Philosophie in Bezug auf dieses Thema ist folgende: Das Wichtigste, wenn man ein Kind hat, sollte sein, es zu lieben, sich darum zu kümmern und es zu erziehen. Falls diese drei Dinge nicht erfüllt werden können, halte ich es für unverantwortlich, Eltern zu werden. Viel zu viele Kinder wachsen ohne Liebe und Fürsorge oder angemessene Bildung auf.

Ein Kritiker fragte mich, ob ich denke, ich sei ein besserer Elternteil als andere Menschen. Ich habe ihm geantwortet, ich wisse, dass ich es besser mache als manche – nicht alle –, aber auf jeden Fall besser als ein Haufen anderer, da die Mehrheit aller Kinder in Familien geboren würde, die nicht fürsorglich seien, wo sie nicht geliebt und nicht angemessen gefördert würden. Von daher: Ja, ich denke, dass ich ein besserer Elternteil bin als jene Leute, und wenn das arrogant klingt, dann ist es eben so.

Vor ein paar Jahren bat ich einen Fischer in Alaska, sich den Erhalt der Fische zu Herzen zu nehmen, sei es auch nur, um sicherzustellen, dass seine Kinder eine Welt erben werden, in der Fische nicht stark dezimiert oder gar ausgestorben sind. Er sah mich an und erwiderte: „Weißt du, in fünf Jahren ist meine Hypothek abbezahlt und was danach geschieht ist mir völlig egal."

Warum würde eine Person wie er Kinder haben? Ich vermute, weil es einfach das ist, was man tut, was erwartet wird.

Bewusst zu entscheiden, ob man ein Kind haben möchte oder nicht, ist der verantwortungsvollste Beschluss, den zwei Menschen in ihrem Leben fassen können. Es ist eine Entscheidung, die Folgen bis weit in die Zukunft hat. Leider sind viele Geburten unverantwortlich. Meine Frau und ich trafen die Entscheidung nicht leichtfertig. Wir dachten über die Kosten nach – die finanziellen, emotionalen und ökologischen. Wir wogen die Vorteile und Herausforderungen ab, die positiven wie die negativen. Vor allem aber mussten wir sicher sein, dass wir unserem Kind garantieren konnten, dass es geliebt, erzogen und unterstützt wird und alle Bildungsmöglichkeiten erhält.

Von wundervollen Menschen der Mohawks-of-Kahnawà:ke-Band lernte ich, dass wir bei jeder Entscheidung deren Auswirkungen auf alle nachfolgenden Generationen berücksichtigen müssen – sowohl menschlicher wie nichtmenschlicher Generationen. Es gibt eine Vorstellung, die Kontinuum genannt wird, nach welcher wir die Verbindung sind zwischen der Vergangenheit und der Zukunft. Ein Kind, das in 500 Jahren geboren werden wird, ist demnach ebenso Teil von uns wie eines, das vor 500 Jahren zur Welt kam.

Umweltaktivist zu sein, ist eine herausfordernde Aufgabe. Gefährdete Arten und Lebensräume zu verteidigen kann gefährlich sein, vor allem aber ist es herausfordernd, so viel Gewalt, Leiden, Zerstörung und Tod ausgesetzt zu sein. Man riskiert zwangsläufig, die Hoffnung und den Glauben an die Zukunft und die Menschheit zu verlieren. Motiviert zu bleiben, ist nicht einfach und man versinkt schnell in Depression, Hoffnungslosigkeit und Pessimismus.

Die Brutalität, Grausamkeit und ökologische Zerstörung, gegen die ich seit fünf Jahrzehnten ankämpfe, sind traumatisch und schwer zu verarbeiten. Das Blut und der Tod, die ich gesehen und gerochen, die Schreie, die ich gehört, die Qual, die ich gesehen, und die Gewalt, die ich erlebt habe, wurden von der Freude, Liebe und Zuversicht, die meine Kinder mir schenkten, ausgeglichen. Ich bezweifle, dass ich meine geistige Gesundheit hätte bewahren und meinen Aktivismus ohne die Existenz meiner Kinder hätte aufrechterhalten können. Ich muss ihnen nur in die Augen schauen, um Kraft zu schöpfen und Inspiration zu spüren.

Meine zwei kleinen Söhne geben mir Hoffnung und stärken meine Motivation, genau wie es zuvor meine Tochter tat. Um weitermachen zu können, muss ich das Gefühl haben, für etwas Positives zu kämpfen – und meine zwei kleinen Kinder und meine zwei Enkelkinder füllen mein Herz mit Hoffnung und Mitgefühl. Sie sind der emotionale Treibstoff, der es mir erlaubt, der Zerstörung ins Auge zu blicken und für die Zukunft meiner Kinder zu kämpfen. Sie sind die Verbindung zwischen mir und der großen Vielfalt des Lebens und der Evolution.

Ich erinnere mich an das Glück meines ältesten Sohnes, als er fünf war und wir eine Ameise retteten. Ich musste an meine Mutter denken, die mir im gleichen Alter beibrachte, Insekten zu respektieren.

Ist es egoistisch, in einer überbevölkerten Welt ein Kind zu zeugen? Ist es heuchlerisch? In den Augen vieler mag das so sein, aber alle Menschen sind heuchlerisch und egoistisch, unabhängig von ihrer Entscheidung für oder gegen ein Kind. Es liegt eine gewisse Freiheit darin, sich gegen Kinder zu entscheiden, ebenso wie in der Entscheidung, Kinder zu zeugen, und beide können als egoistisch angesehen werden. In beiden liegt auch Selbstlosigkeit: auf der einen Seite durch den Verzicht auf das Glück, ein Kind zu haben, das man lieben und umsorgen kann, auf der anderen, da man sich ganz der Liebe und Fürsorge für einen anderen Menschen widmet.

Manche argumentieren, dass es der Welt ohne uns Menschen besser ginge. Aus ökologischer Perspektive und derjenigen aller anderen empfindungsfähigen Wesen stimmt das zweifellos. Gleichzeitig haben wir Menschen aber auch die Fähigkeit, Dinge zu tun, zu denen derzeit keine andere Art fähig ist. Unsere technischen und wissenschaftlichen Kenntnisse erlauben uns, Arten und ganze Lebensräume vor anderen Menschen und natürlichen Gefahren zu schützen und sie zu erhalten, vorausgesetzt, wir haben die nötige Motivation. Wir haben sogar die technische Expertise, unseren Planeten vor Asteroiden- oder Kometeneinschlägen zu schützen.

Im Laufe der vergangenen 50 Jahre haben Tausende meiner Crewmitglieder ihre Arbeitskraft und ihre Fähigkeiten ehrenamtlich der Rettung mariner Arten vor dem Aussterben gewidmet. Einige Kritiker kommentierten, wir führten einen aussichtslosen Kampf, aber ich finde, dass gerade die Dinge, die wir zu verlieren drohen, jene sind, für die es sich zu kämpfen lohnt, und ich habe miterlebt, wie solche scheinbar aussichtslosen Kämpfe doch noch gewonnen werden können.

Ich glaube an das Potenzial, das darin liegt, Menschen zu ermutigen und zu befähigen, sich für die Verteidigung, den Erhalt und den Schutz des Lebens und der Vielfalt auf diesem Planeten einzusetzen.

Jenen, die sagen, dass wir unsere Kinder nicht zwingen können, Naturschützer zu werden, kann ich nur entgegnen, dass das stimmt. Was wir aber tun können, ist, mit gutem Beispiel voranzugehen, und sie werden aller Wahrscheinlichkeit nach folgen. Die Enkelkinder von Kapitän Jacques Cousteau führen sein Werk fort. Die Töchter von Dr. David Suzuki gehen denselben Weg weiter und die Tochter von Dr. Sylvia Earle ist eine Meeresschützerin. Keines dieser Kinder würde heute die wertvolle Arbeit leisten, die sie leisten, hätten ihre Eltern sich nicht dazu entschieden, ihnen Leben zu schenken und sie zu begleiten.

Meine Tochter, vier Neffen und eine Nichte haben alle als freiwillige Mannschaftsmitglieder auf Sea-Shepherd-

Schiffen gearbeitet. Viele Söhne und Töchter ehemaliger Crew-Mitglieder wurden ebenfalls ehrenamtliche Helfer*innen auf den Schiffen oder in den Kampagnen von Sea Shepherd.

Leider gibt es für jede intelligente und besonnene Person, die beschließt, aufgrund von Sorgen um den Planeten, das Klima und das Überleben anderer Arten keine Kinder zu haben, 100.000 Personen, die sich ohne die geringsten Bedenken und ohne Interesse für Ökologie, Umweltschutz oder das Leiden anderer Arten fortpflanzen. In anderen Worten: Es sind genau jene Leute, die sich dazu entschließen, nicht Eltern zu werden, die zum Wohle unseres Planeten und seiner Zukunft Kinder haben sollten.

Und als Antwort auf die Anschuldigung, dass ich mich für etwas Besseres oder zumindest anderes halte als alle anderen, die ein Kind haben: Ja, ich denke, ich bin es, genauso wie alle anderen, die sich aktiv für die Natur und die Artenvielfalt einsetzen, sie bewahren und schützen. Wir haben durch unser Handeln bewiesen, dass wir besser sind als jene, die tagtäglich zum Biodiversitätsverlust und zur Zerstörung der Ökosysteme beitragen, welche uns alle am Leben erhalten. Die große Mehrheit der Menschen sollte sich aus dem einfachen Grund nicht fortpflanzen, dass sie ökologisch verantwortungslos und nicht in der Lage ist – oder sich weigert –, elterliche Verantwortung zu übernehmen. Das mag arrogant klingen, es entspricht aber dennoch der offensichtlichen Wahrheit.

Eine Welt ohne Kinder ist eine Welt ohne Hoffnung, und wenn verantwortungsvolle Menschen keine Kinder mehr haben, bleibt nichts als eine Welt voller verantwortungsloser Eltern.

Werden meine Söhne eine Welt erben, die sich mit dem Klimawandel und ökologischen Katastrophen konfrontiert sieht? Ich glaube, das werden sie, aber ich glaube auch, dass ich verantwortlich dafür bin, sie auf diese Zukunft vorzubereiten. Es ist nicht das erste Mal, dass die Menschheit furchterregenden Gefahren und Herausforderungen gegenübersteht. Wir standen, und stehen nach wie vor, Schrecken wie Kriege, Völkermorde und ethnische Säuberungen aus.

Trotzdem sind aus diesen Alpträumen immer wieder leidenschaftliche und mutige Männer und Frauen hervorgegangen, die sich dem Irrsinn der Menschheit entgegengestellt haben. Rachel Carson, Jane Goodall, Diane Fossey, Farley Mowat, Sylvia Earle. Birutė Galdikas, Frederick Douglas, Crazy Horse, Russel Means, Chico Mendes, Lamya Essemlali, Jairo Mora Sandoval, Sir David Attenborough, Mahatma Gandhi, Rob Stewart und so viele andere.

Sie gaben uns Hoffnung, Liebe, Inspiration, Leidenschaft und Vorstellungskraft – die fünf wichtigsten Tugenden der Menschheit, um den Lastern von Gier, Zerstörung, Hass, Anthropozentrismus und Ignoranz entgegenzutreten.

Ich entschuldige mich nicht dafür, Vater zu sein. Eltern sind der Bogen, ein Kind ist ein Pfeil und das Ziel ist eine bessere Zukunft, nicht nur für uns Menschen, sondern vor allem im Hinblick auf den Schutz des Lebens und der

Vielfalt auf diesem wunderbaren Planeten, der unsere Heimat ist.

Ich werde oft gefragt, was wir unseren Kindern beibringen sollen. Meine Antwort ist, dass man sie begleiten und ihnen zuhören sollte. Kinder sind die großartigsten Lehrer*innen. Ich muss die Welt durch ihre Augen sehen können, denn kann ich das nicht, verliere ich alle Hoffnung, Inspiration und Motivation. Kinder verfügen über die Intuition, Unschuld und Vorstellungskraft, die nötig sind, um die Welt so wahrzunehmen, wie sie ist, und nicht, wie wir sie gerne hätten.

Als ich ein Kind war, zerschnitt ich eine Weltkarte und legte die Kontinente aneinander. Ich sagte meiner Lehrerin, dass ich glaube, dass sie einst einen einzigen, riesigen Kontinent gebildet hätten. Sie meinte, das sei lächerlich – und doch hatte ich recht. Warum ich auf die Idee kam? Nicht, weil ich schlauer gewesen wäre als sie, sondern einfach, weil es Sinn ergab. Ich sah das Muster und nicht den Lehrplan.

Über die Jahre erlebte ich oft, wie Kinder brillante Ideen und Erkenntnisse ausdrückten, Dinge sahen, die die Erwachsenen nicht bemerkten, und sich mit Neugier, Begeisterung und wahrer Abenteuerlust in Erfahrungen stürzten, ohne dabei müde zu werden.

Im Jahr 1975 hatte ich die Gelegenheit, in einer Schule in Haida Gwaii zu sprechen. Alle Kinder waren Haida und der Morgen begann mit einer Diskussion mit den Fünf- und Sechsjährigen. Meine erste Frage war, wie viele von ihnen Haida sprachen. Das taten alle. Daraufhin fragte ich, was sie über Wale wussten. Ich sagte nichts Weiteres, während sie mir von den Walen erzählten, denen sie begegnet waren, und von den Geschichten, die ihnen ihre Ältesten erzählten.

Später an jenem Morgen sprach ich mit der Mittelstufe, wo etwa die Hälfte der Kinder Haida sprach und weniger über Wale wusste als die jüngeren Schüler*innen. Am Nachmittag unterhielt ich mich mit den Zwölftklässler*innen der Highschool, wo nur ein paar Haida sprachen und sich niemand für Wale zu interessieren schien oder etwas über sie wusste. Ich war fassungslos; diese kanadische Schule in Haida Gwaii hatte diese von Natur aus begabten und intelligenten indigenen Kinder aufgenommen, ihnen ihre Intuition und Vorstellungskraft genommen und ihnen den Kopf mit Rationalität, Vernunft und Logik gefüllt; sie hatte ihnen eingeimpft, was das Bildungssystem von ihnen verlangte, nämlich, sich dem Anthropozentrismus zu unterwerfen.

Manche Leute sind der Meinung, dass es weniger Kinder auf der Welt geben sollte. Ich glaube, die Welt bräuchte mehr echte Kinder. Wir hätten ihre Vision, ihre Einsicht, ihren Instinkt und ihre Vorstellungskraft nötig. Wovon wir weniger brauchen, sind „nachgeburtliche Abtreibungen“ – verantwortungslos gezeugte Kinder, die ohne Liebe, Fürsorge, Mitgefühl und Bildung aufwachsen müssen. Sie werden misshandelt und misshandeln später selbst. Sie werden kleingemacht und machen später andere klein. Kinder sind die Saat der Zukunft und Saatgut, das in kargen, steinigen Grund gesät wird, wächst nicht zu gesunden Pflanzen heran.

Ich höre meinen Söhnen zu, lasse mich auf ihre Fantasiewelten ein und bestärke sie. Wenn sie mir erzählen, dass sie mit den Tieren sprechen, glaube ich ihnen. Wenn einer von ihnen sagt, er wolle zum Mars fliegen, entgegne ich: „Warum nicht?" Ich sage ihnen, dass sie alles werden können, was sie wollen.

Natürlich werden sie entdecken, dass es Grenzen und Einschränkungen gibt, aber es steht mir nicht zu, ihnen zu verstehen zu geben, dass sie diese Grenzen nicht zu verschieben und zu überwinden versuchen dürften. Ich möchte, dass sie Lösungen für scheinbar unlösbare Probleme finden, und das kann nur geschehen, wenn ihre Leidenschaft, ihr Mut und ihre Vorstellungskraft gefördert werden.

Es steht mir nicht zu, ihnen zu sagen, dass sie die Natur lieben sollen. Die Natur ist da, um von ihnen entdeckt zu werden, und ich helfe ihnen, die Wege zu finden, nach denen sie suchen, indem ich selbst die Natur mit Respekt behandle. Ich setze ein Zeichen, indem ich Frauen mit Respekt behandle. Ich ermutige sie dazu, das auch zu tun. Ich behandle Tiere mit Respekt und Freundlichkeit und schaffe die bestmöglichen Voraussetzungen dafür, dass sie dies ebenfalls tun.

Meine Wünsche für die Zukunft sind keine Forderungen.

Die herausforderndste Aufgabe ist, ihnen zu erklären, dass ihre Zukunft herausfordernd sein wird, und ihnen Rat dafür mitzugeben. Das Wichtigste, das ich beisteuern kann, ist, ihnen zu zeigen, dass eine einzelne Person die Macht hat, die Welt zu verändern. Sie werden dieses Vertrauen nötig haben, um immun zu bleiben gegenüber der Negativität und sich nicht vor Kritik zu fürchten. Sie werden diese Zuversicht auch nötig haben, um sich nie Forderungen zu unterwerfen, denen sie moralisch nicht zustimmen, egal, ob sie von einer Person oder von Gruppen kommen, einschließlich ihrer Eltern oder ihrer Lehrpersonen.

WILLKOMMEN IM THERMAGEDDON

In seinem 2002 erschienenen Buch *Thermageddon* sagte der verstorbene, großartige Robert Hunter voraus, dass sich die Umweltfolgen verschärfen und bis 2030 irreversibel werden würden. Und tatsächlich hat sich das Tempo stark beschleunigt. Das Thermageddon hat begonnen.

Es ist zu spät, die Büchse der Pandora des Klimawandels wieder zu verschließen, und nun quellen die Auswirkungen unserer ökologischen Sünden aus ihr hervor, bereit, uns zu verschlingen. Wir schaffen es nicht, den Deckel wieder aufzusetzen. Es ist zu spät. Wir müssen nun lernen, wie wir die Folgen überleben, die rund um uns herum in unseren Ökosystemen zutage treten und die Wirkmechanismen unserer Lebenserhaltungssysteme immer schneller verändern. Der Ökozid in seiner furchteinflößenden Zerstörungskraft ist in vollem Gange. Und die Menschheit wird sich ganz langsam bewusst, welche

Kräfte dieser düsteren und unvorhersehbaren Büchse der Pandora entsprungen sind, die wir Menschen selbst erschaffen haben.

Der erste Schritt zur Lösung eines Problems besteht darin, es anzuerkennen und das Wesen der Gefahr, die es birgt, zu verstehen.

Wissenschaftler*innen haben sich immer und immer wieder dazu geäußert, aber sie wurden ignoriert. Die öffentlichen Medien wurden größtenteils von Großunternehmen aufgekauft, die nun die globale Berichterstattung kontrollieren und Milliarden dafür ausgeben, die wissenschaftlichen Erkenntnisse herunterzuspielen und zurückzuweisen. Politiker*innen sind zu feige, auch nur zuzugeben, dass wir ein Problem haben. Um den Klimawandel wirksam anzugehen, müssen wir Maßnahmen ergreifen, die mit materiellen Opfern verbunden sein werden – Opfer, die Großkonzerne und Politiker weltweit schlichtweg nicht erbringen wollen.

Wir können nicht mit einer politischen Lösung rechnen, da jede echte Lösung für eine demokratische Führungspersönlichkeit mit genug Mut zum Handeln politischen Selbstmord bedeuten würde. Und autoritäre Herrscher haben andere Prioritäten.

Es gibt keine politische Lösung, nur eine ökologische. Tatsächlich gibt es deren zwei, und zwar vollkommen unterschiedliche: die eine kommt freiwillig zustande, die andere nicht.

Die freiwillige ökologische Lösung ist einfach, aber keinesfalls pragmatisch. Wir müssen aufhören, fossile Brennstoffe zu verbrennen, und Maßnahmen ergreifen, um die Artenvielfalt des Tier- und Pflanzenreichs zu stärken.

Inakzeptabel, das ist mir bewusst, aber die Alternative ist eine dystopische Zukunft.

Diese Lösung bedingt, dem alljährlichen Massaker von etwa 65 Mrd. Nutztieren durch die Fleischindustrie ein Ende zu bereiten – eine Industrie, die mehr Treibhausgase emittiert als der Transportsektor und die für großräumige Grundwasserverschmutzung und das Auftreten von Todeszonen im Meer und in Ästuaren verantwortlich ist. Wir müssen die industrielle Fischerei drastisch drosseln, um den Zusammenbruch von Meeresökosystemen zu verhindern. Wir müssen die chemische und die Plastikverschmutzung beenden, den Tiefseebergbau verhindern und die anderen Gefahren für die Altenvielfalt im Meer stoppen. Wir müssen aufhören, Pestizide, Fungizide, Herbizide, Insektizide und industrielle Düngemittel zu verwenden, um die mikrobiellen Ingenieure zu schützen. Wir müssen dem Wahnsinn der Kriege ein Ende setzen, die ökologisch verheerende Folgen haben.

Kein*e Politiker*in könnte heute praktischerweise für solche Pläne werben, und das ist der Grund, weshalb es jede einzelne Klimakonferenz seit deren Beginn im Jahr 1979 versäumt hat, tragfähige Lösungen auszuarbeiten.

Als ich in der Highschool war, sagte ich meinem Vater, dass er an Lungenkrebs sterben würde, wenn er nicht mit dem Rauchen aufhörte. Er wurde wütend und meinte, er würde sich darum kümmern, wenn es so weit sei. Zwanzig Jahre später hörte er mit dem Rauchen auf, aber starb nochmals 20 Jahre später an Lungenkrebs. Ich erinnere mich daran, wie verwirrt er war, dass er tatsächlich an Lungenkrebs sterben würde, und wie er nicht wahrhaben wollte, dass das Rauchen Schuld hatte, denn schließlich hatte er es doch aufgegeben.

Das entspricht genau unserer heutigen Situation. Politiker*innen und die CEOs der großen Konzerne wurden vielfach gewarnt. Sie haben entschieden, die Warnungen zu ignorieren und zu leugnen, trotz brennender Wälder, eines steigenden Meeresspiegels, häufigerer und intensiverer Stürme, sich zurückziehender Gletscher und einstürzender Eisschelfe. Sie bestehen darauf, dass sie das Problem nicht verursacht hätten und nichts tun könnten, um es aufzuhalten. Ein paar Staats- und Regierungschefs und -chefinnen gingen sogar so weit nahezulegen, dass der Klimawandel seine guten Seiten hätte, da er uns längere Wachstumsperioden und wärmeres Wetter bescherte – obwohl die Wahrheit weit davon entfernt liegt.

Wir durchleben bereits schreckliche Konsequenzen, auch wenn wir sie vornehmlich als Lokalereignisse behandeln, den größeren, globalen Zusammenhang nicht sehen und eine Verbindung zum Klimawandel leugnen.

Eine der tödlichen Erscheinungsformen des Klimawandels ist die Emergenz neuer Viren. Einige von ihnen könnten nach Jahrhunderten im Ruhezustand aus dem schmelzenden Permafrost freigesetzt werden, andere entstehen durch die Fleischindustrie, besonders auf Frischmärkten, auf denen exotische Wildtiere geschlachtet werden, was das Überspringen von Viren auf den Menschen begünstigt.

Wiederum andere entstehen in Massentierhaltungsbetrieben, in denen die hohe Dichte an Tieren einen Nährboden für die Mutation von Viren bereitstellt. Der Artenrückgang zwingt Viren, sich neue Wirte zu suchen, und die hohe Dichte der menschlichen Population bietet diesen Krankheitserregern leicht zugängliche Wirte.

An ein freiwilliges Einhalten von radikalen Maßnahmen gegen die Auslöser der Klimakrise zu glauben, vor allem im Hinblick auf Einschränkungen bezüglich der fossilen Brennstoffproduktion in unserer heutigen anthropozentrischen Kultur, ist ebenso unrealistisch wie idealistisch. Solche Maßnahmen stehen im Widerspruch zu allen geltenden menschlichen Werten wie Materialismus, Herrschaft, Territorialität sowie religiöser und politischer Konditionierung.

Die unfreiwillige Lösung ist die, die geschieht, wenn wir nichts tun. Dann werden die Gesetze der Ökologie eine Lösung diktieren. Wenn das Artensterben, die wechselseitige Abhängigkeit der Arten und die Verminderung von Ressourcen einen kritischen Punkt erreichen, führt das zu einem Zusammenbruch und zur Unfähigkeit von Ökosystemen, sich selbst zu erhalten – in anderen Worten: zu einem katastrophalen Versagen der Lebenserhaltungssysteme unseres Raumschiffs.

UMGANG MIT DEM STRESS RUND UM DEN KLIMAWANDEL

Mit dem Klimawandel zurechtkommen zu müssen ist aufreibend. Viele Leute sind davon traumatisiert oder depressiv, viele weitere strapaziert durch die Folgen, die sie aufgrund von extremen Wetterereignissen erleben. Für zahlreiche Menschen ist Unwissenheit ein Segen, aber für Klimawissenschaftler*innen, Aktivist*innen und intelligente Leute im Allgemeinen können die Realität des Klimawandels und seine Folgen sehr belastend sein, wenn sie realisieren, dass eine Senkung der globalen Treibhausgasemissionen praktisch unmöglich ist und dies wahrscheinlich – nahezu sicher – katastrophale Konsequenzen haben wird. Das ist ein wenig, als würde einem gesagt, man sterbe an Krebs und könne nichts dagegen tun.

Ich habe einmal mit Kindern gesprochen, die Krebs im Endstadium hatten. Viele von ihnen nehmen ihr Schicksal ruhig und mit großer Kraft hin. Sie empfanden Liebe für ihre Familien und ihre Haustiere und eine tiefe Dankbarkeit für das Leben, das ihnen geschenkt worden war. Meiner Beobachtung nach akzeptieren Kinder den Tod leichter und mit weniger Stress als Erwachsene.

Ich werde oft gefragt, wie ich mit Stress umgehe angesichts der Art meiner Arbeit, der Todesdrohungen, der gerichtlichen Verfolgung und der gefährlichen Kampagnen zur See. Die Antwort ist einfach: Ich gehe nicht wirklich mit Stress um, weil ich nicht dazu neige, unter Stress zu leiden.

Hier sind zehn Gründe dafür; sie sind auch mein Rat an alle, die unter Angst, Sorgen oder Stress leiden.

1. Der Klimawandel ist, was er ist. Wie auch immer es ausgehen mag, wie auch immer die Gefahren und die Umstände aussehen, er ist da, und damit hat es sich. Deshalb gestresst zu sein, ändert daran nichts. Die Lösung mag unmöglich erscheinen, aber Stress ist keine gute Antwort. Stehen wir vor einem unlösbaren Problem, müssen wir unsere ganze Vorstellungskraft und unseren Mut mobilisieren, um nach tragfähigen Lösungen zu suchen. Und falls wir keine finden, dann haben wir es zumindest versucht, und wir geben erst auf, wenn wir gestorben sind.

2. Irgendetwas ist immer. Ich sage das oft meiner Crew, wenn ein Problem auftaucht. Es gibt immer irgendetwas, das schiefläuft, und wenn mal nichts ist, dann geschieht bald etwas. Das Leben kommt mit Hindernissen, Heraus-

forderungen und Problemen. Auf Probleme sollte man vorbereitet sein; sie sind unvermeidlich. Alle Probleme lassen sich lösen, indem man sie entweder direkt angeht, jemand anderen bittet, sie zu lösen, oder sie ignoriert. Eines ist gewiss: Auf einem Schiff stimmt immer irgendetwas nicht. Auf unserem Raumschiff Erde ist das derzeit der Klimawandel.

3. Bleibe ruhig, es gibt keinen Grund, sich aufzuregen. Ich habe erkannt, dass es in jeder lebensbedrohlichen Situation die Abwesenheit von Stress war, die mir erlaubte, der Gefahr zu entkommen. Einmal, als ich tauchte, blockierte mein Atemregler in 30 m Tiefe. Ich signalisierte dies ruhig meinem Tauchpartner, um ihn auf die Situation aufmerksam zu machen. In Panik zu geraten, wird dein Leben nicht retten. Wenn du etwas verlierst, findest du es nicht wieder, indem du dich darüber aufregst. Wut rührt von Stress her. Ohne Stress gibt es keine Wut. Ohne Stress bleibt Panik fern. Ohne Stress gibt es nur wenige Ängste.

4. Nicht Materielles bleibt für immer; es lohnt sich daher nicht, wegen Objekten Stress zu empfinden. Wenn dein Auto beschädigt wird, dir etwas gestohlen wird oder du ein Investment verlierst – nichts davon ist wirklich wichtig; Objekte und Bequemlichkeiten sind angenehm, aber sie dürfen keine Anker sein, die dich an den Stress ketten. Wende dich anderen Dingen zu.

5. Freund*innen sind wahre Freund*innen oder eben nicht. Wahre Freund*innen betrügen einander niemals; wenn jemand es tut, war er oder sie kein*e wahre*r Freund*in. Fühlst du dich betrogen, geh auf Distanz, und stresse dich deswegen nicht. Aufrichtige, treue Freund*innen sind ein seltener Schatz und sollten auch als solcher behandelt werden. Loyalität erzeugt Loyalität, Mitgefühl erzeugt Mitgefühl, Mut erzeugt Mut. Man kann nur seine eigene Loyalität, sein eigenes Mitgefühl und seinen eigenen Mut beeinflussen, nicht diejenigen der anderen. Wenn andere einem untreu sind oder einen verraten, ist der Schatz kein Schatz mehr, sondern Schund, den man wegwirft. Rege dich nie über einen Betrug oder den Verlust einer Freundschaft auf; diese Dinge geschehen.

6. Zeiten der Einsamkeit sind eine Gelegenheit, sich selbst kennenzulernen. Man kann niemanden finden, der oder die einen liebt, wenn man sich nicht zuerst selbst liebt. Das Geheimnis, um die Liebe zu finden, ist, sie nicht zu suchen. Liebe sollte natürlich erblühen wie eine schöne, wilde Blume. Man kann sie erst pflegen, nachdem sie sich entfaltet hat. Versuche nicht, es allen recht zu machen, sondern erlaube lieber der Blume, dir eine Gelegenheit zum Wachsen und Lernen zu eröffnen.

7. Beziehungen sind wie Flüsse, in steter Bewegung. Entlang ihres Verlaufs begegnen sie Hindernissen, einige klein, andere größer, dann umfließen sie sie entweder oder sie werden durch sie blockiert. Wenn sie dauerhaft blo-

ckiert sind, enden sie, was keine Ursache für Stress, Wut, Verbitterung oder Neid sein muss. Die Dinge sind einfach wie sie sind. Versuche, mit Wertschätzung und ohne Bitterkeit für die zu Ende gegangene Beziehung weiterzumachen und dein Herz für die neuen Möglichkeiten zu öffnen, die das Leben dir schenkt. Der wichtigste Faktor, um eine bedeutungsvolle Beziehung zu engen Freund*innen, Familie, einem Partner oder einer Partnerin aufrechtzuerhalten, ist ganz einfach die Akzeptanz. Du musst sie akzeptieren, wie sie sind, und sie müssen dich akzeptieren, wie du bist. Wenn du nicht akzeptieren kannst, wie und wer jemand ist, musst du aufhören, ihm oder ihr Stress zu bereiten, und weggehen. Und wenn jemand anderes nicht akzeptieren kann, wie und wer du bist, geh ebenfalls weg, unabhängig davon, von welcher Natur die Beziehung war. Stress tötet und mit einer Person zu leben, die dich nicht akzeptiert, wie du bist, ist, als lebtest du mit jemandem, der dich langsam umbringt.

8. Angst ist wie ein Gift, das in deine Seele dringt, deine Sinne lähmt und Paranoia, Unsicherheit und Wut erzeugt. Versuche, Angst nicht in dein Leben zu lassen. Es gibt nur wenig, vor dem man sich wirklich zu fürchten braucht, denn die Dinge sind, wie sie sind, und werden sein, wie sie sein werden. Vergiss nicht, du bist der Kapitän deines Schicksals und Herr über deine Seele und deinen Körper. Nur du allein entscheidest, wer du bist und wer du sein möchtest. Eine Person, die frei von Angst ist, kann so viel mehr erreichen als eine, die von ihr gefesselt ist.

9. Oscar Wilde sagte einst, es gäbe nur etwas in der Welt, das schlimmer ist, als dass über einen geredet wird, und das ist, wenn nicht über einen geredet wird. Menschen reden. Sie lästern, machen falsche Anschuldigungen, gewisse Leute mögen es, andere zu beleidigen und klein zu machen. Man kann einfach mit ihnen umgehen, indem man sie ignoriert, denn sie wollen, dass man auf sie reagiert. Reagiere also nicht, denn es geht dabei nicht um dich, sondern um sie. Sie werden von einem Gefühl der Unsicherheit und Angst motiviert. Es ist ihr Stress und ihr Stress ist ihr Problem. Es sollte nicht deines sein müssen. Klimawandelskeptiker können einfach ignoriert werden; Zeit ist zu kostbar, um sie mit Diskussionen oder Streiten mit Leuten zu verschwenden, die die Realität leugnen.

10. Hab keine Angst vor dem Tod! Steh ein für das, woran du glaubst, kämpfe gegen alle Widrigkeiten an und gib niemals auf. Die eine absolute Sicherheit im Leben ist der Tod. Wir alle werden eines Tages sterben; was zählt, ist nicht, dass wir sterben, sondern, dass wir leben. Es ist die Art, wie man lebt, die wichtig ist. Das einzig Wichtige in Bezug auf den Tod ist, wie man stirbt. Man sollte dem Tod ohne Angst entgegensehen, mit Würde und Akzeptanz dessen, was er ist. Eine Person, die keine Angst verspürt, stirbt nur einmal; eine, die in der Angst gefangen ist, stirbt Tausend kleine Tode an Stress und Sorgen. Akzeptiere das Unvermeidliche, nimm die finale Realität des Lebens an und lächle angesichts der Unendlichkeit. Das wahre Geheimnis der Zufriedenheit besteht darin, seinen eigenen

Tod nicht zu fürchten und keine Angst zu haben vor dem Scheitern, vor anderen oder davor, lächerlich gemacht zu werden.

Stress ist ein Hindernis für Achtsamkeit und für ein erfülltes Leben. Stress ist eine der Ursachen von Migräne, Krebs und vielen anderen Erkrankungen. Menschen rauchen, nehmen Drogen oder trinken exzessiv aufgrund von Stress.

Leute fragen mich oft, weshalb ich nie rauchte. Der Grund ist, dass ich nie ein Bedürfnis danach gefühlt habe. Es erschien mir nie gesund und ich war mir immer der Folgen bewusst. Dasselbe gilt für Alkohol und Drogen. Ohne Stress besteht weder das Bedürfnis noch der Wunsch, darauf zurückzugreifen.

Achtsamkeit bedeutet einfach, sich bewusst zu sein, wer man ist und was man gerade tut. Eine achtsame Person ist eine Person ohne Stress. Unerfüllte Wünsche sind Ursachen für Stress. Nichts zu wollen erlaubt einem wertzuschätzen, was man hat. Wenn man nichts will, fehlt es einem an nichts. Wir alle haben Grundbedürfnisse – Nahrung, Wärme, eine Unterkunft, Kleidung und Gesellschaft. Achtsamkeit ermöglicht uns, diesen Bedürfnissen gelassen zu begegnen. Alles andere ist Luxus und, obwohl Luxus geschätzt werden mag, sollten wir nicht auf ihn angewiesen sein. Von Luxus abhängig zu sein verursacht Stress.

Ich habe nicht einen einzigen Tag in meinem Leben nur für Geld gearbeitet. Ich wollte nie etwas besitzen und auch wenn ich inzwischen Immobilien und materielle Dinge besitze, lasse ich nicht zu, dass diese Dinge mich besitzen. Ich lasse mich nicht auf Diskussionen über Geld oder Schulden ein. Ich vermeide Schulden, aber wenn sie sich einmal ergeben, messe ich ihnen keine übermäßige Bedeutung bei; sie sind für mich auf jeden Fall kein Grund zur Sorge.

Was Grundbedürfnisse angeht, habe ich schon als Teenager gelernt, für sie zu sorgen, als ich mit 15 Jahren mein Zuhause verließ. Ich hatte kein Geld, keine Bleibe, keine Perspektiven. Ich sprang auf einen Güterzug auf und fuhr in den damit transportierten Autos von Toronto bis nach Vancouver. Als ich ankam, schlug ich mein Lager in einem verlassenen Wachturm am Wreck Beach auf und ging als Erstes zum Vancouver Community College, um mich für ein Programm einzuschreiben, um die Highschool abzuschließen. Ich fand einen Job, zog aus dem Wachturm aus und in ein Zimmer und machte von dort aus weiter. Zurückblickend sehe ich es als Abenteuer. Ich hatte nichts, aber ich fühlte mich nie gestresst. Ich erlebte die Unsicherheit meiner Position wie eine interessante Erfahrung. Jeder Job stellte für mich eine Lernerfahrung dar. Ich arbeitete als Hafen- und Fabrikarbeiter, Lastwagenfahrer, Baumpflanzer, Lagerarbeiter, Koch, Bäcker, Maler, Bodenleger, Postbote, Reiseleiter, Landschaftsgärtner und Seemann. Es waren alles bereichernde Erfahrungen. In Wahrheit ist das ganze Leben ein Abenteuer, mit seinen guten und schlechten Seiten, seinen Hochs und Tiefs, allen Erfahrungen, Nöten, Highlights und Zeiten der Einsamkeit, des Glücks oder der Schwierigkeiten. Sogar den Verlust von Freunden und Familienmitgliedern kann man bewältigen, indem man anerkennt, dass der Tod ist, was er ist. Er ist unvermeidbar und auch wenn wir um unsere Nächsten aufrichtig trauern werden, können wir das tun, ohne uns dabei zu quälen. Das ist vielleicht schwierig zu verstehen, ist aber durchaus möglich. Beim Tod jedes Freundes und jeder Freundin oder als mein Bruder starb verabschiedete ich mich leise von ihnen und empfand Dankbarkeit, sie gekannt zu haben.

Ich habe mich mehrfach in Situationen begeben, in denen das Risiko von Verletzung, Tod oder Inhaftierung sehr hoch war. Ich nahm diese Möglichkeiten immer gelassen hin und bin überraschenderweise noch immer am Leben und frei. Als ich nichts hatte, hatte ich doch alles, was ich brauchte, und wenn ich alles riskierte, war ich für gewöhnlich erfolgreich.

Ich bin nicht unfehlbar. Ich habe in meinem Leben Fehler gemacht, viele sogar. In der Vergangenheit reagierte ich manchmal mit Wut, auch wenn ich das meist in giftigen Schriften kundtat und selten als physische Handlungen. Ich habe ein paar Menschen enttäuscht und Gelegenheiten verpasst, aber etwas, das ich in meinem Leben geschafft habe, ist, Stress zu vermeiden.

Ich bin heute, da ich diese Zeilen schreibe, 75 Jahre alt, gesund, glücklich und optimistisch. Als Vater zweier kleiner Jungen und einer erwachsenen Tochter bin ich auch weiterhin leidenschaftlich und aktiv, sogar noch mehr als früher, da ich das Glück hatte, in den Bereichen, denen ich mich gewidmet habe, wertvolle Erfahrungen zu sammeln und Erfolge zu erzielen.

Lass Stress nicht deine Gesundheit, deine Liebe und dein Leben ruinieren. Fürchte nichts und greife das Abenteuer des Lebens mit beiden Händen. Es kann gut sein, dass dies das einzige Leben ist, das du je leben wirst, selbst wenn du ans Jenseits glaubst. Mach dir auch darüber keine Sorgen, denn so oder so wird es nie eine Bestätigung dafür oder dagegen geben. Verschwende damit nicht das einzigartige Leben, das du in diesem Moment genießt. Ein stressfreies Leben ist nicht nur möglich, sondern essenziell für ein gesundes, glückliches Dasein.

Wie also gehe ich mit der Realität des Klimawandels um? Erstens akzeptiere ich sie. Ich verstehe den Ernst der Lage und führe mir die Folgen vor Augen. Zweitens bin ich Aktivist und setzte mich dafür ein, die Folgen abzumildern, und helfe Menschen dabei, andere für die Probleme und Gefahren zu sensibilisieren. Drittens betrachte ich das große Ganze.

Über 1.000 Aktivist*innen wurden während der vergangenen zwei Jahrzehnte ermordet. Ich habe vor, ihre Arbeit und ihr Andenken zu ehren, indem ich den Planeten weiterhin mit so viel Leidenschaft und Mut verteidige, wie ich nur kann. Hoffnungslosigkeit und Verzweiflung nachzugeben, erweist den Opfern keine Ehre.

In der Geschichte unseres Planeten gab es fünf Massensterben. Das Anthropozän, das wir derzeit erleben, ist das sechste. Ich lernte, dass die Erde im Schnitt 18 Mio. Jahre braucht, um sich vollständig von einem Massensterben zu erholen. Für den Planeten ist das eine relativ kurze Zeitspanne. Das bedeutet, dass all die Zerstörung, die wir anrichten, wieder heilen wird. In 18 bis 20 Mio. Jahren wird dies wieder ein wunderschöner Ort sein. Den meisten Leuten mag das nicht allzu viel bedeuten, aber mir entlockt dieser Gedanke immer ein Lächeln, denn egal, was wir tun, selbst wenn wir scheitern sollten, ist nicht alle Hoffnung verloren für unseren Ozeanplaneten. Und unser unglaubliches Raumschiff Erde wird seine Reise durchs All fortsetzen für eine weitere Milliarde Jahre oder mehr und das Leben in ihm wird sich weiterentwickeln in einer Art und Weise, die wir uns nicht einmal annähernd vorstellen können.

VORHERSAGEN

Es ist traurig zu sehen, dass einige meiner Vorhersagen von vor vielen Jahren gerade Wirklichkeit werden.

Über die Jahre brachten mir diese Vorhersagen Attribute wie „Unglücksprophet" oder „Kassandra" ein. Was viele Leute dabei vergessen, ist, dass Kassandra richtig lag – ihre pessimistischen Prophezeiungen bewahrheiteten sich.

In den 80er- und 90er-Jahren sagte ich die Plastikkrise in unseren Meeren voraus. Sogar Greenpeace meinte, das sei lächerlich. Ich erinnere mich, wie Patrick Moore zu mir sagte: „Du würdest jeden unwissenschaftlichen Quatsch sagen, um Aufmerksamkeit zu bekommen." Leider bekam ich nicht viel Aufmerksamkeit und meine Artikel über den „Plastikozean" wurden ignoriert und verspottet.

Ich sagte den Zusammenbruch der kanadischen Kabeljaufischerei in den 80-ern und Folgejahren vorher und jedes Jahr sagten mir die Wissenschaftler*innen von

Fisheries and Ocean Canada, dass ich nicht wisse, wovon ich spräche. Bis er 1992 eintrat.

Ich sagte vorher, dass Kanada die Armee einsetzen würde, um den Bau von unerwünschten Ölpipelines durchzusetzen, und es scheint, als würde auch das bald geschehen.

Als ich 2003 Mitglied des Direktoriums des Sierra Clubs wurde und das Problem des Klimawandels ansprach, wurde mir gesagt, dass das niemanden interessiere. Als ich auf den Zusammenhang zwischen Fleischindustrie und CO_2-Emissionen verwies, sagte man mir, niemand wolle solchen Unsinn hören.

Als ich Artikel über das Sterben von Korallenriffen schrieb, sagte man mir, ich erzählte einfach irgendwelchen Quatsch.

Persönlich machte mir das nie viel aus, auch wenn es frustrierend und ärgerlich sein konnte. Die menschliche Natur ist die menschliche Natur und sie wird vorwiegend von Gleichgültigkeit und Eigennutz beherrscht.

Meine Vorhersagen beruhen auf Beobachtung und Trends, einem biozentrischen Standpunkt und einem Bewusstsein dafür, dass wir die Realität aus der Perspektive von einigen Tausend Jahren betrachten müssen und nicht aus derjenigen einer politischen Amtszeit.

Wie dem auch sei, hier sind meine Vorhersagen für die nächsten 20 Jahre, wozu auch immer sie gut sein mögen:

Vorhersagen:

1. Der kommerzielle Fischfang wird weltweit bis 2038 zusammenbrechen.
2. Alle kleinen Zahnwale, deren Populationen heute weniger als 1.000 Tiere umfassen, werden bis 2038 ausgestorben sein.
3. Alle wildlebenden Elefanten und Nashörner werden bis 2038 ausgestorben sein.
4. Bis 2038 wird es zu einem Krieg um die Ressourcen der Antarktis und den Zugang zu ihnen kommen.
5. Strahlenwerte werden in vielen Gegenden des Pazifiks bis 2038 gefährlich zunehmen. Tokyo wird bis 2038 unbewohnbar.
6. Das Great Barrier Reef wird bis 2038 tot sein.
7. Der Regenwald des Amazonasgebiets wird derart stark zurückgehen, dass es zu Wüstenbildung kommt.
8. Der Atlantische Golfstrom wird sich bis 2038 verringern oder kollabieren.
9. Wirbelstürme und Überschwemmungen werden bis 2028 sehr viel stärker und häufiger werden; bis 2038 wird sich die Situation weiter verschlimmern.
10. Der Biodiversitätsverlust wird sich stark beschleunigen.
11. Die menschliche Population wird bis 2038 auf 10 Mrd. Menschen anwachsen.
12. Es werden weltweit unablässig Kriege um Hoheitsgebiete und Ressourcen wüten. Der Terrorismus wird weltweit zunehmen.

13. Die Medien werden zu Propagandazwecken vollständig von Großunternehmen kontrolliert werden. Objektiven Journalismus wird es nicht mehr geben.
14. Die Politik wird gänzlich durch Unternehmensinteressen kontrolliert werden. Die Demokratie wird nur noch als Deckmantel für die Agenda von Unternehmen existieren.
15. Die Reichen werden noch sehr viel reicher, die Armen noch sehr viel ärmer werden.
16. Grenzen rund um die Welt werden unter Einsatz von militärischer Gewalt geschlossen werden.
17. Aufgrund von Klimawandel und Überbevölkerung werden sich neue Viren verbreiten.
18. Die Wehrpflicht wird in vielen Ländern wieder Einzug halten, unter anderem in den USA, Großbritannien und Frankreich.
19. Der Arktische Ozean wird für die Ressourcennutzung zugänglich werden, was zu ernsten Konflikten zwischen den USA, Russland, Norwegen, Dänemark und Kanada führen wird.
20. Viele Orte auf dem Planeten werden bis 2038 unbewohnbar werden, besonders in Australien, Afrika und Südamerika.

Positive Vorhersagen:

1. Der Anteil an Menschen, die sich vegetarisch oder vegan ernähren, wird stark steigen.
2. Es wird große Fortschritte in der Medizin geben (für diejenigen, die sich den Zugang dazu leisten können).
3. Die Umwelt-, Naturschutz- und Tierrechtsbewegungen werden stärker und einflussreicher werden.
4. Das Angebot an Fleischalternativen wird erheblich zunehmen.
5. Der Verbrennungsmotor wird bis 2038 hinfällig werden.
6. Immer mehr Güter werden mithilfe von Windkraft und Segeln transportiert werden.
7. Stärkung der Ökopolitik, aber nicht wesentlich, da sie die menschliche und unternehmerische Gier herausfordert. In Neuseeland, Schweden, Island, den Niederlanden oder der Schweiz könnte ein*e Grüne*r Entscheidungsträger*in ins Amt gewählt werden.
8. Es wird strenge Gesetze zur Verantwortung von haustierhaltenden Personen, zur Bekämpfung der Jagd von Haustieren auf Wildtiere sowie zur Eliminierung von Massentierhaltungsbetrieben geben. In anderen Worten: strikte Regeln für Besitz und harte Strafen für Zuwiderhandlungen.
9. Es wird zwangsläufig keine Trophäenjagd mehr geben.
10. Es wird notwendigerweise zu massiven Einschränkungen von Jagd- und Fischereiaktivitäten kommen.

Es gibt eine Vorhersage, die unfehlbar ist, und zwar diese:

Die drei Gesetze der Ökologie – zur Vielfalt, zur gegenseitigen Abhängigkeit und zur Endlichkeit von Ressourcen – müssen eingehalten werden, denn keine Art auf diesem Planeten kann außerhalb dieser unumgänglichen Naturgesetze überleben.

Eine Verminderung der Artenvielfalt bedeutet eine Verminderung von Leben.

Eine Verminderung der gegenseitigen Abhängigkeit bedeutet eine Verminderung von Leben.

Eine Verminderung der endlichen Ressourcen dieses Planeten – und somit seiner Tragfähigkeit – wird eine Verminderung der Artenvielfalt und der gegenseitigen Abhängigkeit zur Folge haben, was einen Zusammenbruch unseres Ökosystems auslösen wird.

Unser Raumschiff ist ein wunderschöner Ort, voller Leben, Wunder und Genie, prächtig in seiner Vielfalt, und egal, was auch geschehen wird, es wird seine Reise durch das Weltall noch für eine weitere Milliarde Jahre fortsetzen.

Die Frage, die sich uns stellt, lautet: Wie lange werden wir noch Passagiere auf dem Raumschiff Erde bleiben?

Original Titel: *SOS océans en detresse!*
Author: Paul Watson

Bibliografische Information der Deutschen Nationalbibliothek
Die Deutsche Nationalbibliothek verzeichnet diese Publikation in
Portrait: Paul Watson Foundation Daten sind im Internet über
http://dnb.dnb.de abrufbar.

1. Auflage
ISBN 978-3-667-13282-6
Die Rechte für die deutsche Ausgabe liegen beim Verlag Delius Klasing GmbH

Übersetzung: Sandra Striegel
Lektorat: Birgit Jarosch
Projektmanagement: Carina Wolfram
Einbandgestaltung: Jörg Weusthoff, Weusthoff & Reiche Design, Hamburg
Titelbild: KI_generiert_Delius Klasing Verlag, 02.06.2026, MidjourneyWeb,
Portrait: Paul Watson Foundation
Gesamtherstellung: Die Werkstatt Medien-Produktion GmbH, Göttingen
Druck: CPI Books GmbH, Leck
Printed in Germany 2026

Delius Klasing Verlag GmbH, Schillerstraße 81, D-33609 Bielefeld
Tel.: 0521/559-0
E-Mail: info@delius-klasing.de
www.delius-klasing.de